打造手感溫潤、賞心悅目的木作器皿

作·食器

西川榮明
Nishikawa Takaaki

序言

在為大家介紹木工作家、木漆工藝家所製作的木製器皿、碗盤、盆缽、杯子、花器之前，先說明本書的特色。

1 木工作家與木漆工藝家的作品

本書所收錄作品皆為獨立作家原創，在親自使用以確認實用性的同時，也聽取家人和客戶的意見，加以完善。作品皆為木製，且非工廠大量生產的商品，而是可以看見製作者容貌、出處十分明確的器皿。

2 深入瞭解創作思維

本書不僅介紹作品，同時也記錄了創作者的想法，諸如設計、製作方針以及創作這款器皿的緣起等，讓讀者理解作品誕生的背景。

3 聚焦於「日常用具」

從「用具」的角度出發，本書刊載大量的使用實照，用餐場景也特邀創作者及其家人出鏡。還有製作者因此大顯身手作出了一桌好菜。

4 嘗試親手製作

想嘗試親手製作木器皿的讀者，不能錯過本書的「動手作作看」單元。由木工作家細心教導初學者製作木器，共有十種作品可供挑戰，其中也介紹了一般人可能覺得困難的木漆技法。

不習慣使用鑿子和刀具的人，製作時還請多加留意手與刀刃的位置。

所謂「器皿」指的是「可以盛裝物品」的東西，在這層意思上包羅了相當多的物品。因此本書中會出現盤子（小碟子、淺盤、四角盤、橢圓形盤、三角盤、麵包盤等）、容器、碗、缽、深碗、盆子、杯子、盒子、花器等各種名稱不同，但都是「可以放、盛、裝入物品」的用品。

現在，一起來感受木製器皿的好處吧。

作・食器
收錄31名木工作家，近300件作品

INDEX

DATA

1

盤子

（淺盤、四角盤、小碟子⋯⋯）

杉村徹的淺盤與圓盤。

因為愛吃咖哩而作
能夠輕鬆舀淨飯粒

前田充的咖哩盤
Maeda Mitsuru

咖哩盤（櫻桃木）、湯匙（黑核桃木）、大深碗（山櫻花木）、小花瓶（黑核桃木）。

前田充（Maeda Mitsuru）
1969年生於東京都。在家具製造商Wood You Like Company等公司設計、製作家具，後來獨立創業。2008年創立了「ki-to-te」工房，將自家改建成店面，販售自己製作的盤子和餐具（週末不定期開店）。

「真的可以吃到一粒米都不剩。」「能夠輕鬆把飯粒舀乾淨，令人煩躁的困擾不再。」「可以端莊地吃咖哩飯，真的很棒。」

這些客人的迴響，透過電子郵件或實體信件大量地寄給前田充先生，甚至還有人寄來盛裝咖哩的照片。

「跟其他商品相比，購買咖哩盤和湯匙的客人感想回饋率相當高。」

因為不會在他人面前公開談論所以無法造成話題，但究竟該如何禮貌地舀完最後幾顆咖哩飯，對有些人來說是個大問題。

「我很喜歡咖哩，所以想作一個自己吃咖哩時會用的盤子。它該是什麼樣子呢？最費心思的地方在於如何輕鬆舀飯。若是用淺盤，當飯量減少就會很難舀起。所以我稍微把盤緣立起，嘗試最好舀取的曲度，最後就成形了。幾乎沒有困擾地一次就作出了成品。」

裝沙拉的「大深碗」。

咖哩盤。材質是櫻桃木（左）和黑核桃木，上油塗飾，直徑21公分，高3.5公分。湯匙的材質為櫻桃木，上油塗飾，長17公分。

單嘴缽，上油塗飾，直徑6.5公分，高3.7公分。材質為櫻桃木和黑核桃木。

盤緣的曲度和湯匙完美契合。

特徵是外緣平直。也有客人因為欣賞內緣的曲度而購買。

盛牛奶的單嘴缽，材質為櫻桃木。也可以用來盛醬料或調味淋醬。

小深碗。櫻桃木製，上油塗飾，直徑9公分，高4.8公分。

湯匙也是特地配合盤緣製作。在家裡實際使用了一年左右，連自己都很喜歡才開始當成商品販售。

　負責銷售的妻子由美小姐說：「有人問這商品能否用在咖哩以外的食物上。當然，任何料理都可以。在我家還會用來裝義大利麵、炒飯，有時是雞肉蓋飯。」由此可知這是個實用性很高的盤子。

　前田先生的木製用品都有個特徵，就是「便於使用」。製作日常器皿的木工匠人，幾乎都會以「方便使用」和「隨性使用」為基準，而前田先生則特別貫徹到極致。像咖哩盤，他自己先用過一年左右，如果覺得不適合平常使用，他就不打算拿來當商品販售。

「好用又簡樸，美麗又帶點可愛。要是連自己都不喜歡就不用談了。我作過很多東西但最後都不採用。要像這種會在家裡使用的，才會留下來。總之，在這些堅持下，作品就顯得很可愛。」

　前田先生在獨立創業之前，主要是設計及製作家具。創業之後覺得小東西很有趣，於是開始製作盤子、湯匙。他的木製咖啡量具也很有人氣，因為前田伉儷都喜歡咖啡所以才誕生了這項作品。喜歡的東西就自己設計，作成自己滿意的樣式。正因為喜歡，所以灌注於作品的心意也比他人多一倍。

麵包盤，核桃木製，上油塗飾，直徑24公分。奶油抹刀是黑核桃木製。

享用咖哩的前田伉儷。

杯墊（直徑9公分）的背後有「ki-to-te」品牌名稱。

前田充先生。

四角盤。深色的是黑核桃木製。右邊三個盤子是邊長20公分的正方形，厚度2公分。左邊兩個是邊長15公分的正方形，厚度1.3公分。

擺在餐桌上就是一道優美風景

富井貴志的四角盤、折邊盤和小碟子

Tomii Takashi

邊長為20公分的正方形，高度2公分，雖然不大，但拿在手上卻有厚重的手感。橡木木紋和蟲咬痕跡交雜呈現沉穩風格。如此有存在感的四角盤，經過上油塗飾（以紫蘇油與蜜蠟混和調製），傳達出溫和的韻味。

以花瓣為意象的小碟子經過上漆塗飾，有黑色、紅色、白色、深咖啡色等繽紛的色彩，很適合用來盛放乾菓子。因為直徑才6公分，也有人拿來當筷架。

近來也使用灰汁※塗飾木器。富井先生說：「灰汁可以如實傳達出木料的表情與觸感，具

富井貴志（Tomii Takashi）

1976年生於新潟縣。筑波大學研究所（數理物質科學研究科）中途退學後，在「森林たくみ塾」（岐阜縣高山市）學習木工。2004年進入Oak Village，2008年獨立創業。居住於滋賀縣甲賀市信樂町，在京都府南山城村開設工房。2012年榮獲第86屆國展工藝部新人獎。

長盤。橡木製，大的尺寸為35×10×高1.8公分，小的是20×10×高1.8公分。

折邊盤。白漆，直徑27公分。

小碟子。直徑6公分。

杯墊。邊長9公分的正方形，材質為橡木和黑核桃木。

櫻桃木製的深碗，直徑30公分，高7.5公分，碗內深度5.5公分。富井先生說：「雖是很普通的深碗，但我很喜歡。」特色是碗緣的飾邊。

富井貴志先生。幾乎每個月都在全國各地舉辦個人展，儘管繁忙，還是會參加深具傳統的公募展「國展」，並且入圍獲獎。這種活動風格讓他在其他木工作家中有如鶴立雞群。

長女千尋如常地使用父親所製作的器皿。

有襯托出木料優點的效果。」在第86屆國展榮獲新人獎的「灰糠栗長圓盆」，就是刷塗灰汁之後以米糠磨製而成。

富井先生總是根據作品，靈活地運用不同的加工法，而每一樣作品的共通點，就是都能表露出製作者的想法與感性。

「盤子和容器都是自己想用所以才仔細製作，當然也都有在使用。還要注意形狀，當盤子盛裝料理時要看起來很美味，放在餐桌看起來就是一道風景，拿在手上摩挲的時候又有舒服的觸感。」

確實，開頭介紹的橡木四角盤光是拿在手上就讓人愈來愈愛不釋手，彷彿只要用著這個盤子，尋常生活也會變得豐富多彩。

※灰汁：鹼液。植物灰燼浸水過濾後所得汁液，呈鹼性，可用於洗濯或染色。（譯注）

削掉沉重感 帶來微妙的平衡

杉村徹的淺盤、圓盤和小碟子

Sugimura Tooru

「我不想要沉重的感覺，所以盡可能地削薄。要是能因此誕生出具有張力的緊張感是最好的了。」

杉村先生的作品不只器皿，其舒適的坐凳也大受好評。兩者的共同點就在線條的美感與平衡感所醞釀出的絕佳氛圍。

乍看是正方形的小碟子，其實邊長並沒有完全等長，留有蟲咬痕跡的表面、微帶曲度的邊緣、平坦的底面，可以看出杉村作品的平衡感之妙。

杉村徹（Sugimura Tooru）

1956年生於兵庫縣。在家庭雜貨製造批發公司工作，後於松本技術專門校木工科學習木工。在穗高武居工作舍（松本民藝家具的合作公司）等負責製作家具，1992年獨立於愛知縣常滑市開設工房。2010年工房遷移至茨城縣。

黑核桃木製的圓盤。

淺盤。最上面的材質是黑核桃木，其他是核桃木和櫻花木。

圓盤。最上面的盤子材質是黑核桃木。直徑為27.5公分。其他為核桃木。

盛裝沙拉的器皿材質為櫻桃木。

四角長盤。40×9×高2.5公分。

小碟子和四角盤。最上面的是10×10.5公分，最底下的是24×24.5公分（8寸盤）。材質是核桃木、黑核桃木、栗木、山櫻花木、朱里櫻等。

「其實有點長方形的形狀，會比正方形更能達到平衡。至於圓盤，我也不是弄成正圓，而是營造出圓形的自由度。」

杉村先生年輕時就在松本民藝家具的關係公司製作桌子和櫃類家具，而他現在的風格很明顯與民藝家具不同，脫離了厚重家具，改為製作輕盈且原創性高的凳子和器皿。

「比起家具，器皿的自由度更高，製作過程很快樂。不過因為是容器，就算想在無意識間自由創作，卻還是有必須自我規範的部分。今後我想試著作更彆扭、更自由的作品。」

雖說「彆扭」，但因為是杉村先生，所以是不會走向極端樣式的吧。品質良好、平衡感極佳的「彆扭」作品，真是讓人期待啊！

在曾是大型倉庫的工房裡雕刻核桃木的杉村先生。

木料的色澤
寬鬆的線條與角度
形成絕妙的搭配

山極博史的三角盤
Yamagiwa Hirofumi

山極博史（Yamagiwa Hirofumi）
1970年生於大阪府。寶塚造形藝術大學畢業後，服務於（株）カリモク，負責開發家具商品。離職後進入松本技術專門校木工科學習木工。成立了うたたね，現在大阪市中央區設有展場和事務所。

左右不對稱的有機體造型盤，和往外伸展的三隻腳相得益彰。材質是黑核桃木。最大長度40公分，高11公分。

就盤子而言「三角形意外的很方便又有趣，可以作出多樣化的組合，交錯擺盤可以有效活用空間，比起圓盤和方形盤更能讓整個餐桌出現變化。」

うたたね的商品以椅子和板子等家具居多，「木之盤sankaku」（三角盤）是老闆山極博史先生的新作。原本他就很喜歡三角形，就連凳子的坐板也會用三角形來設計。

「盤子不是正三角形，而是有點細長的三角形。放在餐桌上的時候要配合料理與人數，思考讓三角形的三個頂點放在什麼樣的位置，也是一種生活樂趣。」

外型像迷你三角桌卻又是容器的作品，是以水果碗為意象製成的。放上水果擺在餐桌中央，能達到為整張餐桌聚焦吸睛的效果。組合黑核桃木和赤楊木而成的雙色盤，打磨吉野檜的盤子等，這些餐具都表露出山極先生身為設計師也是製作者的真本領。極佳感性也表現在盤子的形狀上。不單只能拿來盛裝食物，也可以用作擺飾，為生活增添情趣。

大學時主修設計，在家具製造業從事商品開發又在技術專門校學習木工。「設計的時候很幸福。」山極博史先生說。

前面是用吉野檜作的盤子。山極先生說想使用檜木來營造出高級感。最大長度為18.5公分。後面的盤子是橡木製，最大長度為30公分。

組合深色的黑核桃木和略紅的赤楊木。前面的盤子最大長度為30公分。

以白漆橢圓大盤盛裝料理。

さかいあつし（Sakai Atsushi）
1969年生於愛知縣。曾經是上班族，於1994年開始創作小件的木器作品。1995年開始削製湯匙，店名就叫「匙屋」。1999年在東京都國立市設立工房。2013年工房遷至岡山縣瀨戶內市。

盛入料理
表情瞬間生動

さかいあつし的橢圓大盤
Sakai Atsushi

平常以製作湯匙為主的さかい先生，用銀杏木雕出了大盤。

「我想把雕刻發揮到極致，而且以前就想作看看盤子，還是大盤子，形狀不是圓的……圓形可以用木旋車床製作，我想作的是非得親手雕刻才能製成的橢圓形。」

さかい先生想要厚實的木料

卻又不想要太重，最好是容易鑿削而且會結果實的樹，理由是：「用結果的樹可以去想像美味的風景。」最後從核桃木與黑核桃木等多種候選中，選定了銀杏木。購自秩父木材行的板材，先用圓鑿削，再以極淺鑿用手推的方式雕刻，完成了兩個帶有男人味的大盤子。

兩者最後都有上漆塗飾，但一個是用白漆，另一個則是混合松煙與柿漆。雖然經過塗漆，西洋風格卻比日式風格更重。「我是以歐洲的古董餐具橢圓盤為形象作的。」經他這麼一說，也就能夠理解了。

在塗白漆的大盤子裡隨意擺上蔬菜與略焦的雞翅，另一個盤子則盛了義大利麵。一瞬間，兩個盤子各自有了截然不同的風情。

果然盤子就是盛裝料理的器具。さかい先生製作的橢圓大盤，讓人不禁在意起，究竟是盤子襯托料理，還是料理凸顯了盤子的本分呢！

白漆橢圓大盤。材質是銀杏木，57.5×27.5公分。

混合松煙與柿漆塗飾的橢圓大盤。材質是銀杏木，44.5×26公分。

大盤料理的晚餐。さかいあつし先生及其妻子かよ小姐（左）。

在橢圓大盤中放入義大利麵。

さかいあつし先生。

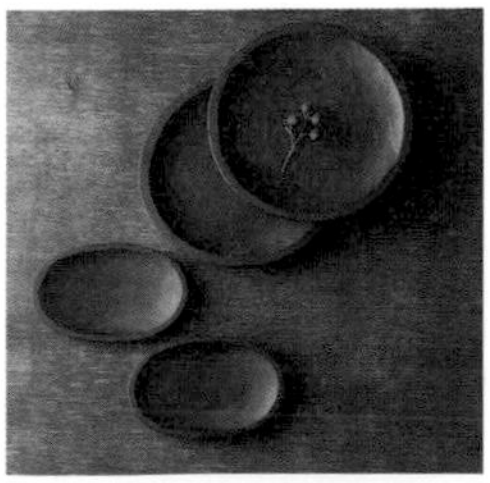
黑色小碟子。材質是銀杏木。圓形的直徑12.5公分，橢圓形是9.5×6.2公分。

核桃木盤。上油塗飾。有折邊的盤子是22.5×18公分，沒有折邊的盤子是26.5×19公分。

細長的削痕線條營造出不會過於顯眼的存在感

芦田貞晴的鎬四角盤和麵包盤

Ashida sadaharu

鎬四角盤。櫻花木材質，上漆處理。

芦田貞晴（Ashida Sadaharu）

1959年生於岡山縣，畢業於岡山大學文學院文學系。岡山大學研究所中途退學後，進入職業訓練校學習木工基礎。1987～1996年師事木工作家谷進一郎先生。2001年在長野縣武石村（現為上田市）開設工房。其妻櫻井三雪小姐是木雕作家，夫妻倆會一同舉辦展覽。

芦田先生用「俐落」這種簡單的字眼來形容自己的風格。

「我並不想作個性強烈的物品。我想作的是平常會忘記其存在，但有它的時候會覺得很棒的東西。既不過度修飾，也不顯累贅的份量感，盡可能地『俐落』。這就是我創作的中心。」

然而只要看過芦田先生製作的盤子和西式餐具，就能夠清楚確認在俐落中有著製作者費心勞力的工夫。

其中之一就是施加「鎬」技法所作的盤皿。「鎬」是在陶胚表面刻削出立體線條的技法。而所謂的「鎬」，原本是指刀劍的刃與刀背之間隆起的稜線。

「這技法經常出現於陶瓷器上，知名的木工工藝家也會在手工箱盒上添加鎬紋，每次看到時都覺得很漂亮。」

不斷地拉動小型外圓鉋，在櫻花木表面上刨出細溝，即便有無數條痕跡卻不覺得繁雜，正是所謂的「俐落」，卻又可以嗅到某種存在感。作為麵包盤也能看出實用的效果。木

長盤。材質從左邊開始依序是：黑核桃木、朝鮮槐、楓木、桑木、楓木。上油塗飾。放在左邊第二個盤子上的是蜂蜜匙。芦田先生有養蜂，會採蜜來吃。

胴張盤（中）。材質是櫻桃木，上油塗飾，19×19公分。微微的曲線帶出柔和氣息。

櫻花木製成的麵包盤和奶油抹刀。麵包盤為19×19公分，最後以核桃油塗飾，奶油抹刀則是用蜂蠟霜。

以印度薔薇木製成的菓子切刀。

芦田貞晴先生說：「使用自己製作的東西，滿意的才能拿來當商品。」

楓木製板盤。上漆，29.5×24公分。楓木板材來自製作吉他的公司，由於堆積已久所以木材變形，活用其彎曲度製成盤子，嵌入楔子後盤子就不會晃動。筷子是樺木製，筷架是楓木製。

胴張盤（小），材質為櫻桃木，14×14公分。菓子切刀的材料是宏都拉斯薔薇木。

在工房工作中。

材變得容易吸收溼氣，更能保持麵包的美味。

「我喜歡鎬的線條協調性。」

確實，當微光照在盛裝青菜、上漆塗飾的四角盤上，就會看到微弱的線條高低落差形成美麗的陰影。

這或許就是芦田先生所說的：「不是強硬揮開空氣，而是溶入其中的空氣感。」

形形色色的盤子

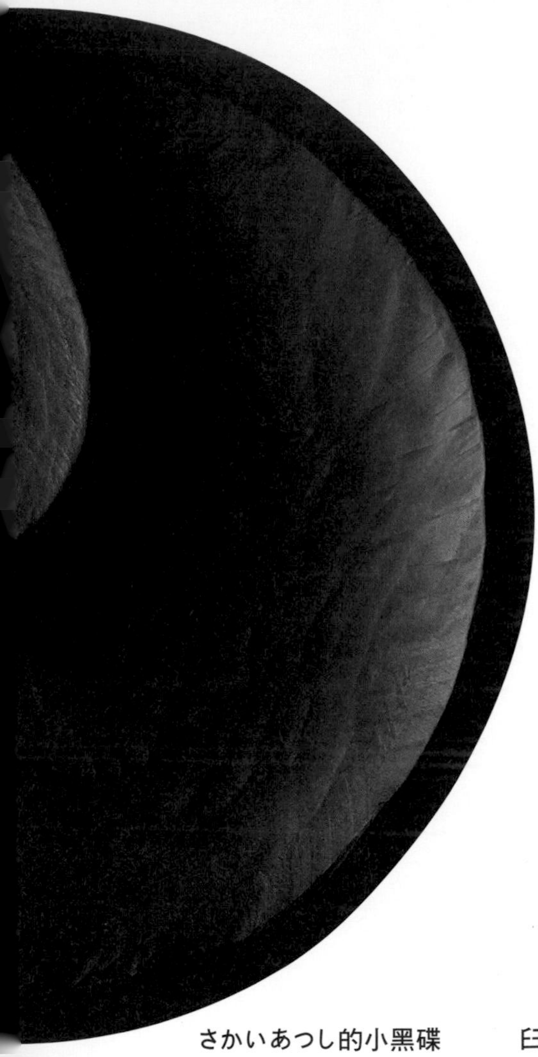

さかいあつし的小黑碟

材質是銀杏木，上漆。圓形，直徑12.5公分。橢圓形，9.5×6.2公分。

臼田健二的「木之葉器皿」

重量感十足，材質有糖楓木、黑核桃木等。大的尺寸為35×最大寬24×厚7公分。上圖從上往下數第二個和最後一個是「木之葉托盤」。

小沼智靖的平盤

材質是作拉門用的杉木邊角料，上漆塗飾。16.5×16.5公分。

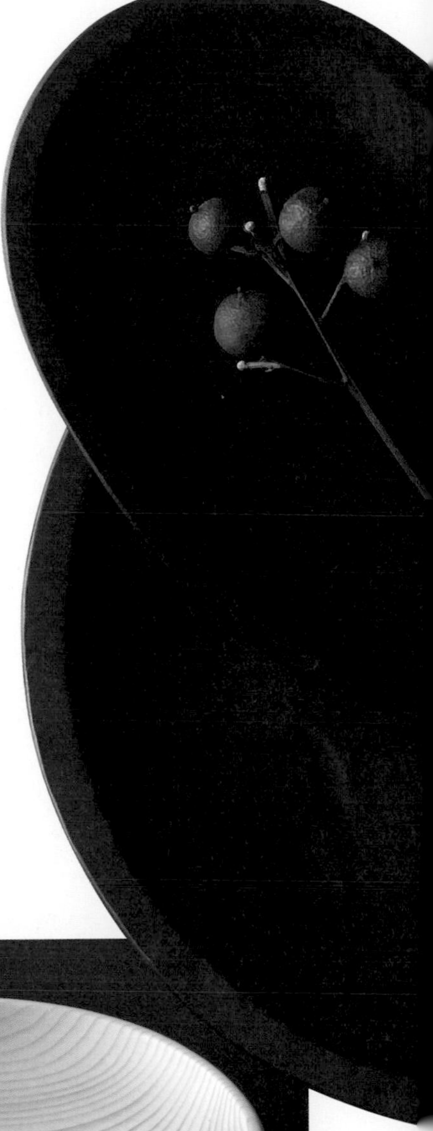

佐藤誠的大盤

蝦夷松製，直徑27公分。

片岡祥光的梅乾盤

盛裝梅乾或醬菜的小盤子。上油塗飾。材質有樺木、刺楸、水曲柳、鐵木、秋田杉等。最下方的盤子為6×9公分。

小碟子

by 山極博史

「うたたね」的代表設計師，木工作家山極博史先生，在有機餐廳「ウーバレ・ゴーデン」（兵庫縣西宮市）開設了製作小碟子的體驗教室。

參加者全都是第一次製作碟子。甚至有人說：「我上次拿雕刻刀是小學上美勞課的時候。」不過大家在雕刻木料時都專注到忘了時間，最終作出適合放糖果或飾品的完美器皿。

材料：

赤楊木（可在居家DIY賣場購得）。使用木料尺寸是11×11×厚2公分，選用差不多大小的木料即可。亦可選擇初學者也能輕鬆雕刻的核桃木。

工具：

夾背鋸
玄能鎚（或鐵鎚）
小刀
切出小刀
雕刻刀（圓刀）
鉛筆
橡皮擦
F型夾
碎布
核桃仁
作業臺 ※參見P.149
墊木（木片）
砂紙（＃120、＃180、＃240、＃320）

製作方法

1 選擇喜歡的木紋和色澤。

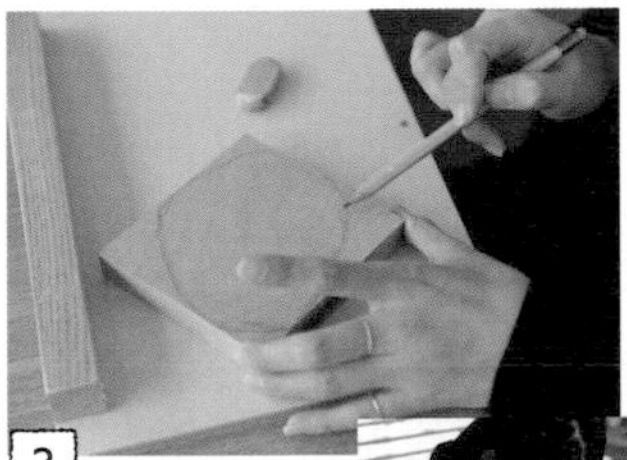

2 用鉛筆在選中的木料上畫出想要製作的盤子外型。

3 用鋸子切掉木料邊角。木料要先用F型夾固定。

先讓鋸子和木料平行，然後一點一點傾斜讓鋸子和木料呈直角。以輕輕滑過的感覺來鋸。

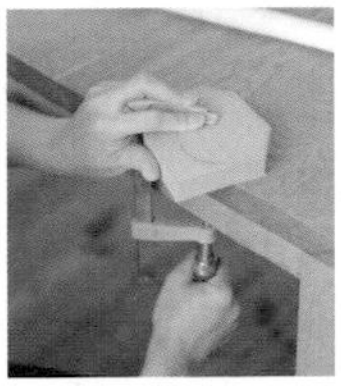

4 鋸的位置不同，F型夾的位置也要跟著變動。

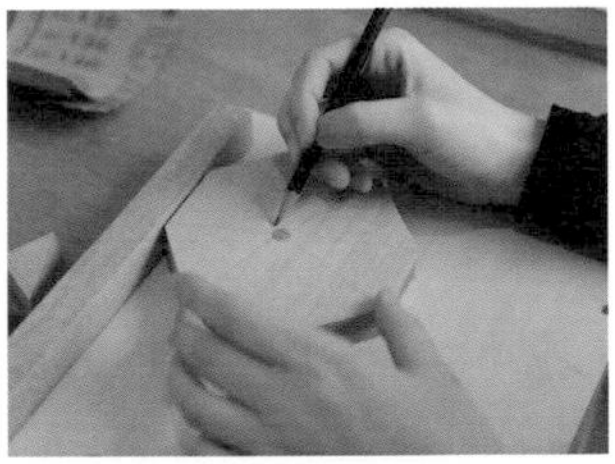

5 在盤面的最深處作記號。

6 首先，用雕刻刀削去記號處，之後從各個方向朝記號削。木料務必要抵住作業臺。

7 想像成品的模樣持續雕刻。雕刻刀的拿法就像拿鉛筆或筷子。

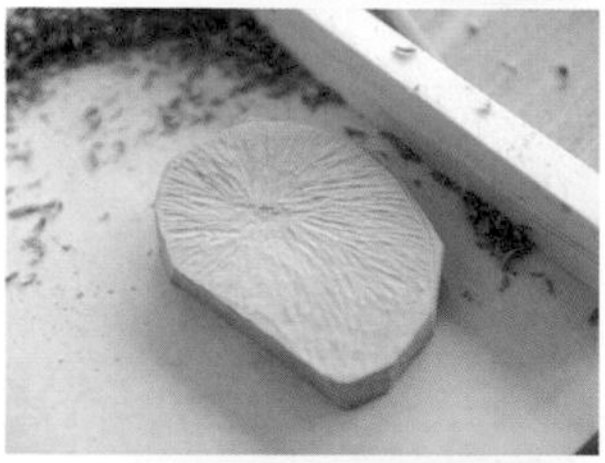

8 削到某個深度（幾公釐也可以）後，用＃120的砂紙包住墊木，磨去雕刻痕跡。

9 用小刀或切割刀一點一點地削去木料上側邊緣和底部周圍。要不時俯瞰作品，好取得整體平衡。

10 幾乎成形後，再用砂紙收工。請按照＃120、＃180、＃240，循序使用從粗到細的砂紙來修飾。要避免集中打磨一處導致凹凸不平。要不時用手撫摸確認。最後再用＃320砂紙將整體拋光，完成底材。

11 上油塗飾。拿布包住核桃，用玄能鎚敲碎。

12 用滲出的核桃油把底材整個塗一遍。

製作要點

一開始先放膽鑿削吧！
只要削去3公釐就能作成點心盤

一　要經常想像完成品的樣子。帶著這份心情大膽削去木料。要留意避免過度集中削切一處，需經常審視整體的平衡。

二　朝記號處削鑿，就像在製作研磨缽或流沙坑，只不過不用削得太深，只要削低三公釐就能作成點心盤。

三　用鋸子切割木料邊角時，要從與木料接近平行的角度開始，然後一點一點添加角度，循著切痕的感覺去鋸就會很順利。事先在鋸切的地方作個切口也滿有效果的。

四　按住木料的手（沒有拿雕刻刀的手），絕對不可以放在雕刻刀的刀刃前面。拿雕刻刀就像拿鉛筆或筷子就行。

完成　參加體驗教室的學員製成的碟子。大小剛好適合拿來盛裝巧克力或堅果。

體驗者的感想

「要作出弧度和圓潤感真的好難，也不知道要削到什麼地步，很怕會把木料柔軟的部分都削掉。不過總算作出跟想像中相去不遠的成品。吃巧克力的時候我會拿來用的。」

「我喜歡耳環，所以天天戴。我會把這個拿來放耳環。」

「削鑿時注意力愈來愈集中，現在有爽快的成就感。」

「有點坑坑巴巴的，所以我還不太滿意。回到家裡再重新打磨看看。」

麵包盤

by 富井貴志

用鑿刀來製作麵包盤吧！靈活運用打鑿和手推方式，花時間慢慢削切，就算是初學者也能完成很棒的麵包盤。最後塗抹食用核桃油，會成為愈用愈有風味的用品喔！

有請木工作家富井貴志先生（P14）為我們示範。

麵包盤的鑿痕。

用山櫻花木削鑿出來的麵包盤。22 × 20 × 1.5公分。右邊是富井先生作的奶油盒和奶油抹刀。

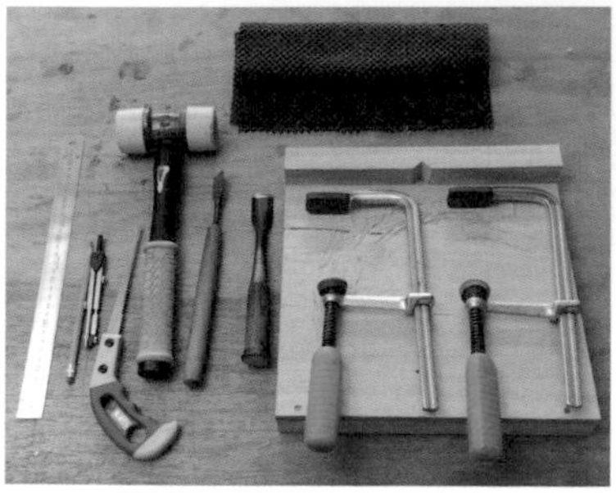

材料：
山櫻花木（28×23×1.5公分）
※雖然這次使用山櫻花木，但初學者建議使用比較好削切的核桃木。

工具：
作業臺（木工鋸臺）
F型夾
圓鑿
極淺圓鑿（圓口鑿刀）
橡膠槌
尖尾鋸（自在鋸）
圓規
鉛筆
尺
止滑墊

（圖片未出現物品）
核桃油
碎布

製作方法

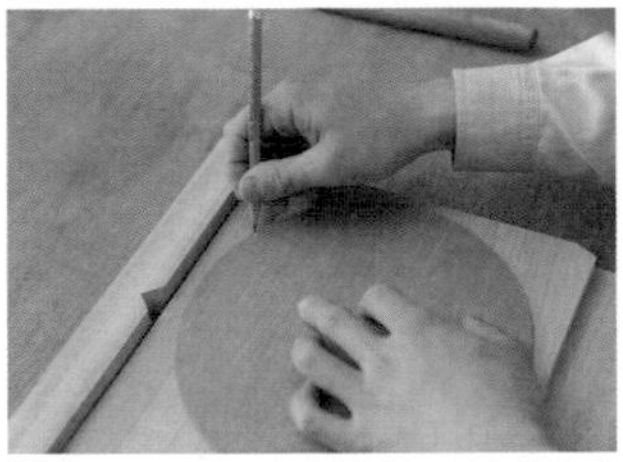

1 把木料放在作業臺上，用鉛筆畫出盤子的輪廓。富井先生使用的是既有的模型（長22×寬20公分的橢圓形），可以粗略地手繪，也可以用圓規畫一個正圓。

2 先鑿削盤子內側。從木料的正中央開始，用橡膠鎚敲打圓鑿。

3 不要只鑿單一方向，要從各個方向平均鑿削。注意不要讓鑿子直立。

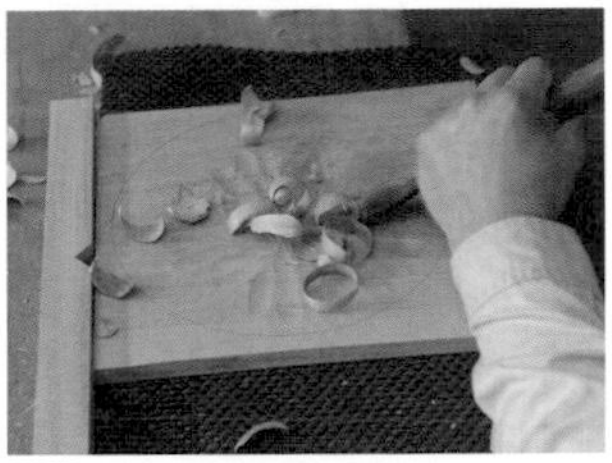

4 中央一帶鑿得差不多後，改從鉛筆線的盤緣附近開始鑿。若木料很滑，就在底下放個止滑墊。

5 若是出現了抵擋鑿子前進的逆紋，就不要硬鑿下去。這時請先停止鑿削木料。

6 變換木料的位置，讓逆紋變成順紋，鑿去剛剛的木屑。

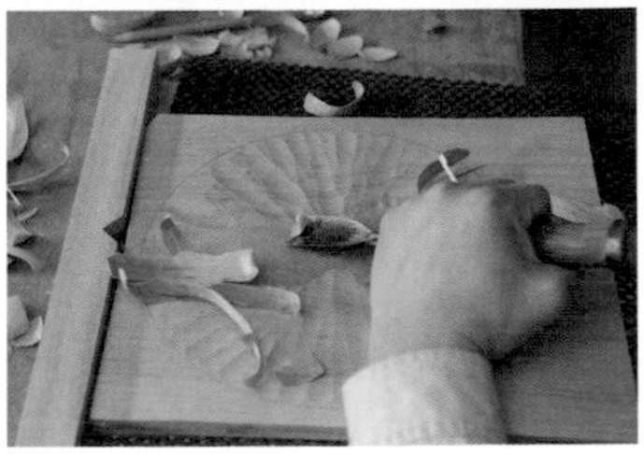

7 鉛筆範圍內全都鑿削，形狀也出現了，基本上就是朝著中央鑿過去，不過有時會遇到很難鑿削的地方，此時就從中央附近往外側鑿。

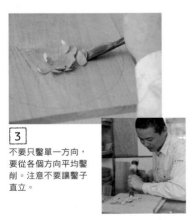

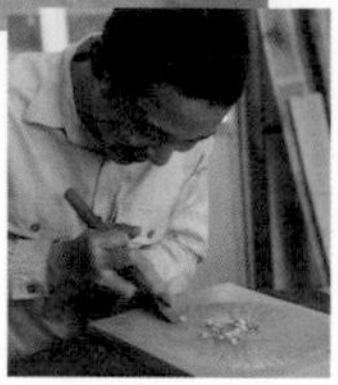

8

將圓鑿換成極淺圓鑿。用手推動刀鑿，像要剷平方才鑿出的凸痕，朝中央推過去。用左手（或非慣用手）輔助控制施力的輕重。

9 從旁邊削去凸鑿痕。只要以燈光檢視就能清楚看見凸痕的影子。

10 用尺測量鑿痕深度。照片中的實例是深度約9公釐。

11 用F型夾固定木料，再用尖尾鋸沿著鉛筆線鋸切。

12 測量木料背側（盤底）的中心點。用圓規分別畫出一個半徑7公分（直徑14公分）和半徑8公分（直徑16公分）的圓圈。

13 用F型夾固定木料，如圖示敲打圓鑿逐步削掉外側。一開始鑿子要斜斜地拿，隨著雕鑿進度，鑿子會慢慢地開始立起。盤緣部分要留個2公釐不要削掉。

14 用圓鑿沿著直徑16公分的圓慢慢鑿去邊緣。

15 用極淺圓鑿削去盤底的凸鑿痕。

16 底部也要配合盤子的形狀，將盤底的平面部分削成橢圓形。

17 用極淺圓鑿削平盤底。

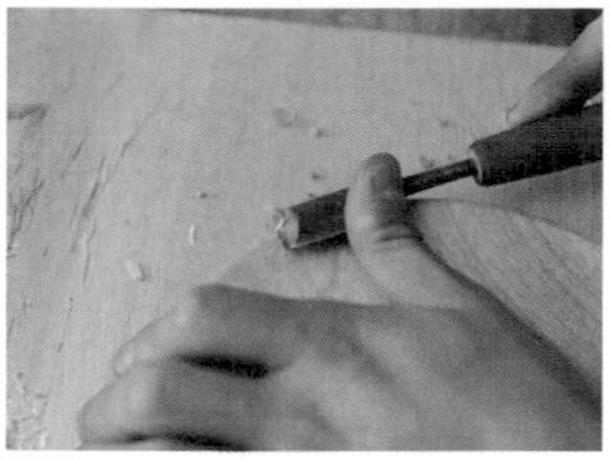

18 用極淺圓鑿把表面的邊緣修圓。

19 完成底材。

完成 最後塗上核桃油，再用布擦拭均勻即可。

製作要點

若是出現逆紋就不要繼續鑿下去

一 要沿著木料順紋雕鑿。若是感覺遇到逆紋，就不要硬鑿下去。請在木片翹起的狀態下停手，換到反方向以順紋狀態鑿去翹起的木片。

二 橡膠鎚選重的比較好。只要一拿起來覺得重，就是剛剛好。利用鎚子的重量來鑿削木料。

三 手推極淺圓鑿的時候，左手（非慣用手）要貼在鑿子上才開始推鑿。

2

容器、碗、盛盤

享受木料的質感與色澤

岩崎久子的腳座盛器

Iwasaki Hisako

腳座盛器（大），黑核桃木，盛器部分為核桃木。

岩崎久子（Iwasaki Hisako）

1954年生於和歌山縣。自由學園畢業後至1979年為止，都在自由學園工藝研究所工作。1980年代中陸續在朝日現代手工藝展等公募展入圍和獲獎，也在各地舉辦個人展覽或團體展。2010年工房從大阪遷移至長野縣原村。

岩崎久子小姐可說是女性木工作家的先驅，巧妙融合木料質感與都會感性的風格深受好評。平常主要是製作家具，但也會在手作系作品中充分展現自己的品味。

腳座盛器系列因為採用無垢材（原木木料），所以極具存在感。以榫接方式組合顏色不同的黑核桃木、核桃木和柚木，從這點來看，不禁讓人重新認知岩崎小姐的家具作家身分。

「因為樹瘤而無法製成家具的材料，我就拿來作小東西。設計上特地組合各種木料色澤，好享受其質感，在小東西裡增添濃淡變化。」

岩崎小姐孩提時代在和歌山度過，因為喜歡畫畫所以前往美術畫室學習。國中畢業後進入東京的自由學園高中部。自由學園不只有學科教育，並且重視實作經驗，因此會花很多時間在美術與造型教育上。

「禮拜六整整一天都是美術課，連畫畫都有充裕的時間，師資方面也是一流的。」

腳座盛器（小）。

餐桌中央的盛器是用核桃木製成，長68公分，高8公分。左邊的板子是黃蘗木製，湯匙是栗樹製。

腳座盛器。腳座是黑核桃木，盛器是核桃木。大的長59公分，最寬處11公分，高7.5公分。小的長度39公分，最寬處10.5公分。是以峇里島旅行時看見的樸實木船為形象而作。

右／單腳盛器。（前）腳為柚木，盛器為黑核桃木，盛器直徑19公分。（後）腳為柚木，盛器為核桃木，盛器直徑15公分。左／單腳盛器的接合部位用的是榫接技法。

FIN茶几。桌面充分利用了水曲柳的美麗木紋並保留原木裂紋，桌腳用的是黑核桃木。

凳子。坐板和前腳是橡木，後腳是黑核桃木。

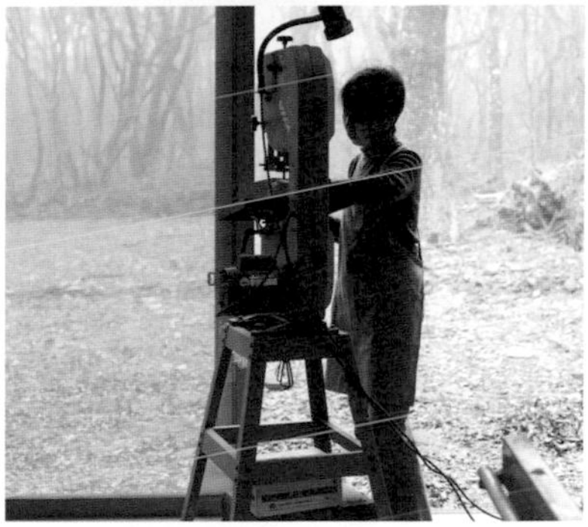

在工房工作的岩崎小姐。

自宅位在八之岳山麓的森林裡。

開學不久，學校就舉辦了校內美術展。高中部的學姐們以倒地的櫸木為素材，製作出放置在美術室的桌椅，椅面用手織布繃住。看到展品的岩崎小姐當時大受震撼：「好厲害！連這都作得到！」

「美術教室的對面是蕨類叢生的庭園，教室本身是被綠意包圍的古老建築物，而學姐作的家具和環境如此完美契合，讓我大吃一驚。這代表家具是可以營造場地氣氛的。」

15歲的那一瞬間，是岩崎小姐和木製家具邂逅的日子。

大學部畢業後，她進入自由學園工藝研究所，以研究生的身分學習素描、染色、紡織、木工，以及各式各樣的造形。研究所的理念是奠基於大戰前的德國知名造形學校Itten Schule的教育法。特別是1930年代在那裏留學回來的老師，讓學生們充分受到「色彩藝術」的薰陶。

「將偏白和偏黑的木料組合起來，我經常在設計時考慮到顏色。」岩崎小姐的作品反映了她在研究生時體會到的感受，腳座盛器可以說就是把那種感覺以有形的方式具體表達出來。

「器皿要方便使用，我是以這個想法為出發點，但因為是小件物品，所以也想讓它可愛一點。不過我是想要呈現更俏皮的感覺啦！」

盛裝喜歡下廚的岩崎小姐親手製作的料理，這些器皿不只可愛，還讓人感受到襯托料理的包容力。

以傳統技術為基礎
設計出全新觀感

露木清高的寄木抹茶碗

Tsuyuki Kiyotaka

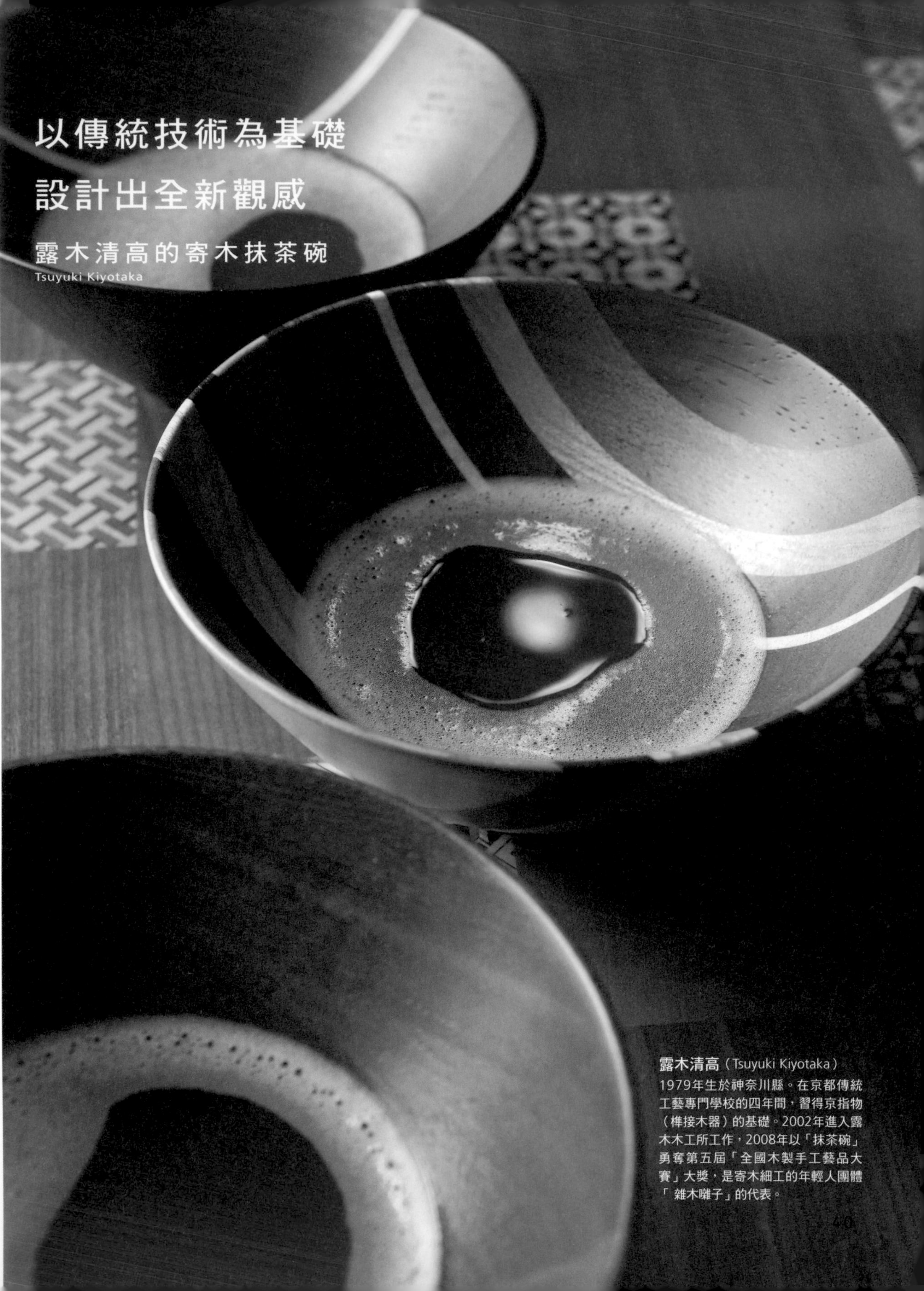

注入抹茶的抹茶碗。

露木清高（Tsuyuki Kiyotaka）

1979年生於神奈川縣。在京都傳統工藝專門學校的四年間，習得京指物（榫接木器）的基礎。2002年進入露木木工所工作，2008年以「抹茶碗」勇奪第五屆「全國木製手工藝品大賽」大獎，是寄木細工的年輕人團體「雜木囃子」的代表。

圓柱杯（左上），直徑8公分，高7公分。酒杯（右上），直徑7公分，高3.5公分。酒杯（下方兩個），直徑與高都是6.7公分。

ENN。（大）直徑36公分。（中）直徑26公分。（小）直徑16公分。

ENN（えん）。第50屆日本手工藝品展讀賣新聞社獎獲獎作品。「希望能在宴請親戚好友、慶祝生日等重大節日時使用。圓形也象徵了人與人之間的緣分。」
※日文的「圓」和「緣」發音皆為えん（ENN）。

紅色、綠色、白色、黑色、咖啡色、黃色……這些器皿不但有著線條圖案，而且色彩繽紛。這些色澤不是染的，而是不同樹種的木材色澤。偏白的是燈臺樹，亮黑色的是神代連香樹（沼木），咖啡色是北美產的黑核桃木。

「寄木工藝在傳統工藝品中需要極高的設計要素，擁有許多的可能性。」露木清高先生說。他所作的抹茶碗，便巧妙地融合了設計與傳統工藝技術。

喜好茶道的露木先生親自泡茶，以抹茶碗請我享用。當茶倒入碗中，一瞬間木料的色澤變得更加清澈。拿起來會發現重量比外表還要輕，還有柔潤的口唇觸感。「這個碗是為了自用而作的。運用由我父親開始的『縞寄木』技法，連外側的微妙曲度也很用心。」

露木先生是小田原寄木工藝的露木木工所第四代傳人。露木木工所為曾祖父所創，目前由清高先生的父親清勝先生擔任社長。

用自製的抹茶碗喝茶的露木清高先生。

抹茶碗是由多種木料組合而成。由左依序是南美黑核桃木、北美黑核桃木、燈臺樹、神代連香樹、北美黑核桃木、神代連香樹。

抹茶碗。深色的直徑15公分，高度9公分。淺色的直徑15公分，高7公分。最後塗飾使用聚氨酯塗料。拼木有多樣化的組合，由相熟的小田原木旋工藝師雕琢而成。

小田原到箱根一帶，自古就是木工興盛之地。早在平安時代，小田原的早川就已經使用木旋車削方式來處理木料，之後更發展出漆器、指物、木象嵌、機關盒等技藝。江戶時代則開始運用箱根周遭的樹木進行拼木，最後「箱根寄木細工」的名號更是廣為全國所知。

在如此環境中成長的露木先生，高中畢業後在京都的傳統工藝專門學校學習京指物，家人並沒有要求他繼承家業，但他似乎認為「這是為了將來從事拼木而學習」。結束四年的京都學業後，他就回到了小田原。

「打從出生後就看著家裡的工作長大，我覺得寄木細工是很美又很棒的工作。拼木能創作出很漂亮的東西，因為它能帶出木料材質的魅力。」

現在露木先生除了和工匠們一同努力製作木工所的招牌商品外，還利用晚上和假日致力創作自己的作品。抹茶碗和入圍日本手工藝品展的「ENN」就是在這段時間誕生的。回顧寄木的歷史，就能知道工匠們始終孜孜不倦地在創造新作品。

「首先，嶄新的寄木細工要融入生活，作品也要帶有強烈的美感元素，我希望如此來傳承這項工藝。」

全新風格的設計融合傳統，於是誕生了露木先生的作品。與同世代的同伴們創立的「雜木囃子」中，露木先生擔任領導的角色。寄木細工的年輕創作者們今後會作出什麼樣的作品，令人不禁大感興趣。

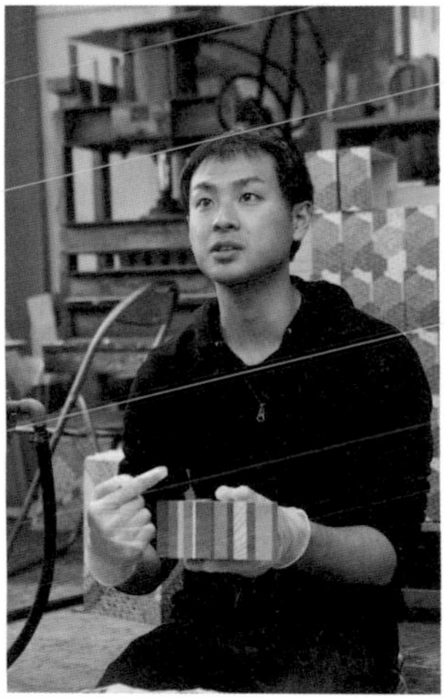

露木先生說：「木料的性質依種類而有所不同。特別是無垢作，木料質地和收縮率的差異等都得考慮進去。」

正在黏合木料的露木先生。使用原木木料來拼木就叫「無垢作」（無垢づくり）。抹茶碗就是無垢作。

在拼木木料（寄木）的狀態下，用鉋刀削下來的薄片稱之為TSUKU（づく）。採用菱青海波、松皮菱等傳統圖案。

放鬆肩膀
憑手感去作

瀨戶晉的tall bowl

Seto Susumu

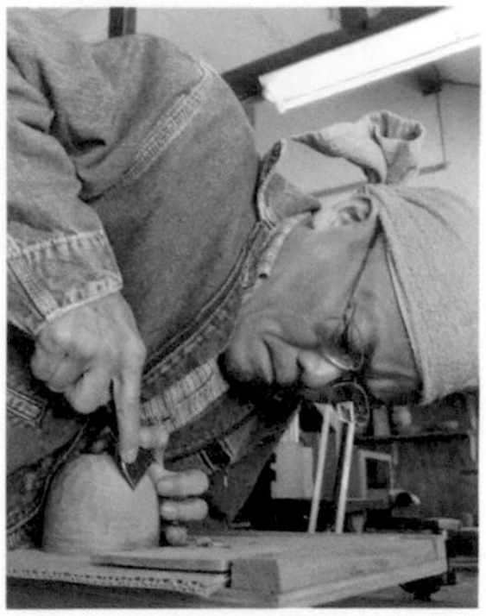

瀨戶晉（Seto Susumu）

1965年生於大阪府。在北海道大學農學院研究所農學研究科修完碩士課程後，進入北海道立旭川高等技術專門學院學習木工。曾服務於種苗公司，1995年以木工作家身分獨立創業。工房設在旭川市。

高約8公分，內側深約7公分，一如tall bowl這個名字，雖然沒有底座卻比普通的碗還要高。因為有相當深度，所以可以用來盛裝豐富配料的湯或其他料理。碗底有凹槽，拿碗的時候不用擔心手滑。「正好有厚實的刺楸和連香樹木料，棄之可惜就拿來用了。我用車床鋸過後再用刀削切，最後拭漆加工。」

在大學農學院研究行者蒜的瀨戶先生，孩提時代就很喜歡手作，所以對木工很有興趣，最終走上了木工作家之路。高中時，在京都大學北門前的咖啡廳「進々堂」裡，由人間國寶黑田辰秋親手打造的橡木桌椅就讓他深深著迷。

瀨戶先生回顧當時說：「坐上去的時候覺得這椅子真不錯，但我從未想過這強烈的印象竟帶我走向木工之路。」其實他對木製工藝的興趣，一直都潛伏在內心深處吧。

以木工作家獨立創業沒多久，他在製作家具的同時也花工夫在傳統工藝器皿上。

「過程中我曾有窒息的感覺，但某一次看到手工藝品作家隨性製成的作品，開始覺得那樣的手感也不錯。」現在他已經不會過度投入思緒把自己逼得太緊，也不會太過拚命。

「因為是日常生活要用的東西，所以放鬆肩膀力道來製作會有更好的氛圍。」

這種感受是否傳達給客人們了呢？「未經深思而是邊摸索邊憑感覺製作」的tall bowl，已成了瀨戶先生的基本款商品。

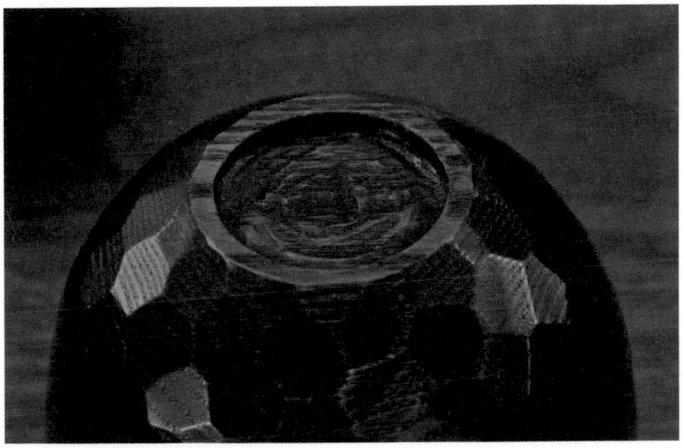
tall bowl的碗底作出了凹槽。

斜深碗。材質為榆樹，拭漆，直徑18公分，高8公分。

使用自製器皿用餐的瀨戶先生。「我是以順手好用的感覺來製作tall bowl，讓人想要捧著和撫摸。」照片拍攝於「きっちん らいる」（北海道鷹栖町）。

瀨戶先生使用名為「裁皮刀」的刀具來削切木料。

宛如波紋的線條
和有厚度的重量感很契合

京都炭山朝倉木工的Planet Plate

Asakura Tooru, Asakura Reina

朝倉亨（Asakura Tooru）
1975年生於大阪府。京都教育大學教育學院特修美術系（工藝專攻）畢業後進入研究所。2001年進入Wood You Like Company工作。2009年開設京都炭山朝倉木工。

朝倉玲奈（Asakura Reina）
1977年生於長野縣，畢業於京都市藝術大學美術學院設計系。在設計施工公司任職，後於奈良縣高等技術專門校學習木工。2004年進入橫濱洋家具的戶山家具製作所。2009年獨立創業。

Planet Plate。材質有樺木、黑核桃木、櫻桃木、七葉樹等，因為用的是邊角料，所以尺寸形形色色，有直徑32公分、29公分、28公分、26公分等。

亨先生捧著樺木盤，外型與雙手十分契合。亨先生說：「製作家具會有緊張感，不過器皿就可以輕鬆製作。」玲奈小姐說：「一旦喜歡上器皿的背面，就會產生憐愛之情呢！」

京都炭山朝倉木工是朝倉亨先生、玲奈小姐夫婦開設的，主要是應客人的要求量身打造家具。

為了製作桌面而切割木材時就會產生廢料，也就是所謂的端材，又稱為「邊角料」。可是樺木、黑核桃木、櫻桃木等這麼優質的木料，實在讓人捨不得丟棄，於是朝倉夫婦就用車床修整這些邊角料，製成了Planet Plate。

「一開始是想要像陶土器皿一樣，加入止滑用的線條。試作出來後，發現盤身就像水面漣漪一樣漂亮。」不僅如此，把它們排起來拍照，看上去就像行星，於是就按當時的印象取名為Planet Plate。

拿起來頗具重量感，直徑26公分的黑核桃木盤，重約500克。即使分量十足，但那像漣漪的落差使得捧起盤子的手感很舒服。

「我認為木器不求薄，圓胖厚重比較好。而且我還想要作大一點的盛器。大的比較有魄力，用餐時也更有朝氣。」

朝倉夫婦將作好的料理放入Planet Plate，並排在餐桌上。光看就覺得朝氣十足了。

朝倉夫婦在自己搭建的住家二樓客廳享用晚餐。

佐藤先生用木旋車床作出的食器。材質是蝦夷松和白樺木，用聚氨酯塗裝。最大的盤子直徑為27公分。

佐藤誠（Satou Makoto）

1971年生於北海道。高中畢業後成為北海道置戶町的OKE-CRAFT木工技術研修生，研修期間接受手工藝品作家時松辰夫等人的指導。1993年開始製作商品，2001年設立優木工房。

以極簡風
將北海道蝦夷松
發揮到淋漓盡致

佐藤誠的OKE-CRAFT食器

Satou Makoto

用木旋車床切削蝦夷松，製成簡單的素色食器和碗，沒什麼特殊之處，最大的特徵就是徹底發揮食器功用的設計。「任誰一看到這些作品都會想到OKE-CRAFT，我不想偏離這種設計。雖然OKE-CRAFT的定義很模糊，但我個人認為就是將蝦夷松的白色紋理表露在外的作品。未來我還想按照這個路線繼續作下去。」

在北海道置戶町出生長大的佐藤誠先生，成為OKE-CRAFT的創作者已經超過二十年。

置戶町位在貫穿北海道中央的大雪山系東側，鎮上有八成是森林，以前就是林業城鎮。置戶町在1980年代開始實施城鎮活性化策略，其中一項就是活用在地森林資源來製造木工藝品。政策啟動後，工業設計師秋岡芳夫和手工藝品作家石松辰夫鼎力協助，木工商品就被命名為OKE-CRAFT，最後成為全國知名品牌。目前住在置戶町的創作者約二十名，持續製作著容器、碗、湯匙、木鏟、曲木便當盒等。

其中就像佐藤先生說的，有許多十分具有 OKE-CRAFT 風格的作品。「我認為食器不用過度主張存在，不必太過醒目。主角是食物，食器是輔助。所以我的設計不論用在日式或西式料理上都可以。」

佐藤先生的孩子們打從出生開始，家裡就是使用木器。置戶町的小學所使用的餐具也全都是 OKE-CRAFT 木製品。

「孩子們都覺得用木製餐具用餐是理所當然的吧。」

OKE-CRAFT 食器，深深根植在生活中。

將料理放進自製食器中品嘗的佐藤先生。攝於蕎麥麵店「いなだ屋」（北海道置戶町）。

在工房裡操作著木旋車床的佐藤先生。

蝦夷松碗。直徑12公分，高5.5公分。

身長別椀。由秋岡芳夫先生設計，時松辰夫先生塑形，再由佐藤先生製作。材質為蝦夷松。左邊的碗直徑12公分，高6公分。右邊的碗直徑8.5公分，高4.5公分。

Spit Box。側板是山毛櫸，底板是椴樹，上油塗飾，直徑20公分，高8公分。夏克教徒將其漆上黃色或橘色，裝入木屑當成痰盂使用。

日高英夫（Hidaka Hideo）
1956年生於山口縣。大學時專攻機械工學。曾在名古屋和松本的吉他製作公司任職，後在松本技術專門校木工科學習家具製作技術。1985年開始獨立創作，現在工房位在長野縣佐久市。

可以收納各種物品的夏克風容器

日高英夫的Spit Box

Hidaka Hideo

日高先生和夏克家具相遇，是在開始木作生涯後沒多久。

「看了夏克家具的照片後，我就被徹底吸引了。」

原本開始作木工的契機是「製作自己想用的東西」，即便到現在，這份心情依舊是日高先生對於創造的基本態度。

夏克教徒所製作的用具與家具，都是以「日常用品不需要多餘裝飾，只要方便使用」的想法為根據，剛好和日高先生的想法吻合。他從Oval Box開始製作出夏克風格的作品，邊看著照片邊反覆嘗試，並從錯誤中學習。

「一開始很困難，但是很有趣。年輕時我作過吉他，因此懂得如何彎曲木料。想了很多種方法，最後找到了自己的作法。」

在Oval（橢圓形）系列中，Oval Carrier已成招牌商品。日高先生盯著照片裡頭的籃子把手看，注意的是把手內側的優雅曲面。以設計來說很美，提著的時候手感也很溫柔，就連這種細微處都能感受到夏克風格的真髓。

作成圓形的Spit Box，直譯就是「痰盂」。雖然有許多木工創作家都在創作夏克風作品，但是作Spit Box的人很罕見，一想到「痰盂」就讓人退避三舍。不過考量到用來收納其他物品，它可就很好用了。

「今後我也想繼續製作用具類產品。講到用具，『使用方便』是最重要的。」

椅子、橢圓形容器、造型簡單的盤子、孩童用餐具、湯匙、飯勺……等，日高先生的每一樣作品都符合夏克風思想，兼具實用性與機能美。

Oval Carrier。27 × 20 ×容器高8公分，把手高23公分。側板和把手是山毛櫸，底板是椴樹。很多人拿來放裁縫用具。

在工房削製Oval Carrier把手的日高先生。

Oval Carrier的把手。內側有著和緩曲面，線條纖細所以看起來很漂亮，對於手也是一種呵護。

橢圓盤。材質是樺木，上油塗飾。最大的盤子尺寸為30×22×高3公分。最小的盤子為15 ×10.5×高1.5公分。

傳統編織、素雅色調、三足U型盤腳集結三種要素營造出的存在感

飯島正章的龜甲編盛盤

Iijima Masaaki

飯島正章（Iijima Masaaki）
1960年生於東京都，武藏野美術學園油畫科畢業，後於大分縣別府職業訓練校竹工藝科學習竹藝，又在長野縣上松技術專門校木工科學習木作。1995年於長野縣上松町設立竹與木的工房「閒」。

龜甲編盛盤，直徑36公分。也有直徑30公分的盛盤。還能特別訂製更小的尺寸，亦適用於蕎麥麵店裡。

經由飯島先生巧手編織出的龜甲紋盛盤，樣式簡單卻魄力滿分，具有難以言喻的風情，跟民間工藝品有點不同。為什麼呢？因為這個盛盤別具存在感吧！其祕密就在於編織、色澤、盤腳。

編織法是每兩條竹篾為一組的龜甲編，併用兩竹篾在竹藝中叫「雙股」。兩條竹篾為一組編織出龜甲紋路，這是很正統的技法，「沒什麼稀奇的」，雖然飯島先生這麼說，但就是這種竹藝王道的傳統編織，給予使用者一種安心感。

色澤沉穩又素雅。以竹子原本的顏色是無法帶出這種氣質的。

「我在編織前先將竹篾進行了草木染（以天然染料染色），用水煮一種叫『阿仙藥』的印度植物染料，然後把竹子泡進去再拿出來陰乾。」

飯島先生在學完竹藝後，又在技術專門校學會木工基礎，在「民藝色」課堂上了解到阿仙藥的應用。可說因為學習木工，拓展了飯島先生的竹藝範圍。剛開始獨立創作時，他有用過原色竹來編製盛盤，但據說用草木染的

盛盤邊緣的製作，是相當費工夫的。將竹子剖成粗厚竹片是很耗費體力的工作，飯島先生說：「每次作業，都會想自己還能作到幾時。」

讓盤底不會直接碰觸桌面的盤腳。

編織時以兩片竹篾條為一組。逐漸擴大龜甲花紋。

細心留意角度與間隔。只要有點偏差，圖案最後就會大幅變形。

製作盤腳。用酒精燈烘烤竹篾使其慢慢彎曲。

食用盛盤上料理的飯島夫婦。

飯島正章先生，攝於工房內。

竹子更能襯托出料理。

第三個祕密在於三足盤腳。安裝在盤子底部的U型盤腳，醞釀出穩定與清潔感。盤底不會直接碰觸到桌面和地面的效果非常好。

「通常猶豫要不要買盛盤的客人，一看到底部的盤腳就決定要買了。」

除此之外還有很多製作祕辛，不過與其探究這些，還是先享用放在盛盤上的飯糰吧！

檜木捲盤

by **山極博史**

器皿一般都是以切削、雕鑿、掏挖木料等方式製成，但也有用薄木料捲立成器身的作法。

材料都是在賣場可以便宜買到的物品，不需要鑿子或電動工具就能輕鬆完成。成品可以拿來盛裝餅乾或乾物等下酒菜，非常實用。

負責教學的山極博史先生（P18），為我們示範了圓形和橢圓形捲盤的作法，還使用了不同種類的材質。讓我們來挑戰製作不同類型的捲盤吧！

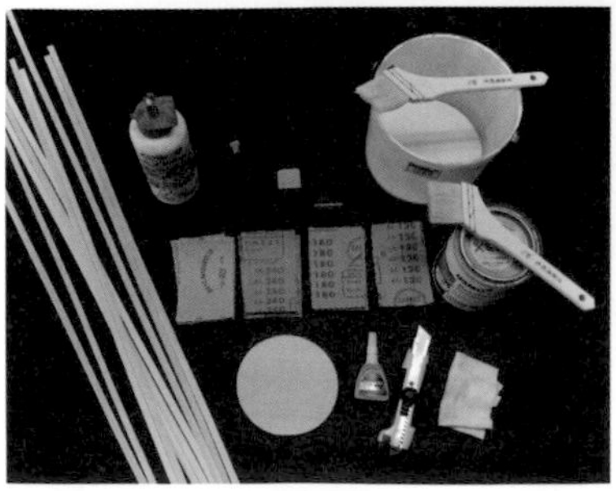

材料：

・檜木（長約90×寬9×厚1公釐），需十幾條（條數會依盤緣高度而有所不同）。

・底板用圓形檜木木料（直徑12.5公分）。請先在賣場加工成圓形。

道具：

美工刀
尺（或是捲尺）
夾子
瞬間膠（Aron Alpha專業用。＊會裝在大容量的擠壓型容器內，比較方便作業。）
木工用白膠
用來稀釋白膠的容器
毛刷（塗白膠用）
油（OSMO，普通透明）
毛刷（塗油用）
碎布
墊木（木片）
砂紙（＃120、＃180、＃240、＃320）

製作方法

1 用＃180砂紙將檜木條的兩端磨薄，免得黏貼接合的地方變厚。先磨好10條備用。

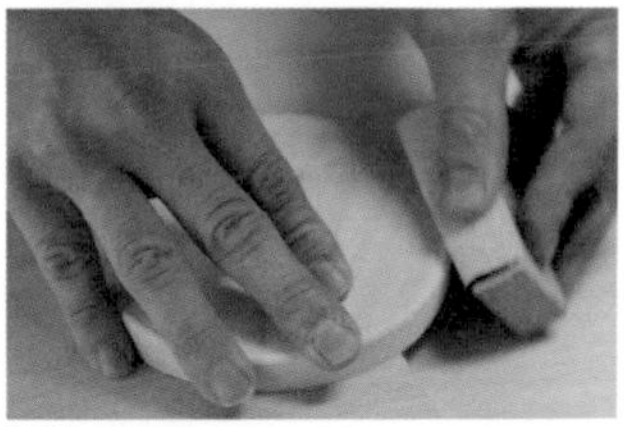

2 將底板的下側（觸地面）磨圓。用＃240砂紙磨去邊角。整個板子也要先用砂紙處理過。

3 檜木條泡水軟化。水桶裡的水高度只要能泡到木條即可。木條的兩端（黏合處）不要弄溼。在開始捲之前一次泡溼一條。

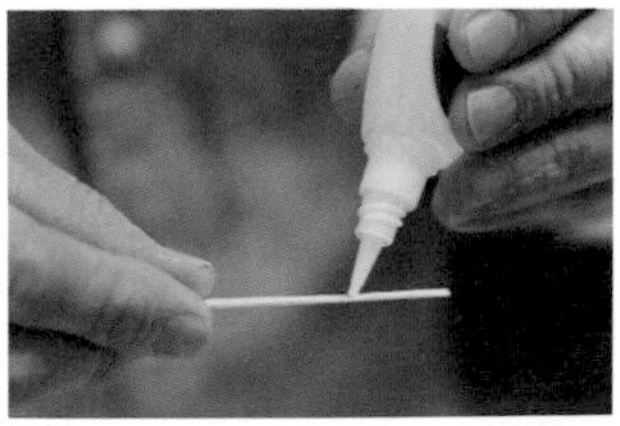

4 瞬間膠塗在木條端約2～3公分處。

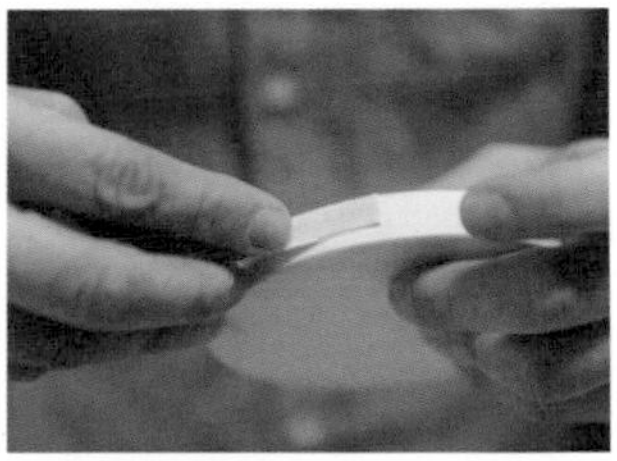

5 從底板側面開始黏貼，用手按住10秒左右。

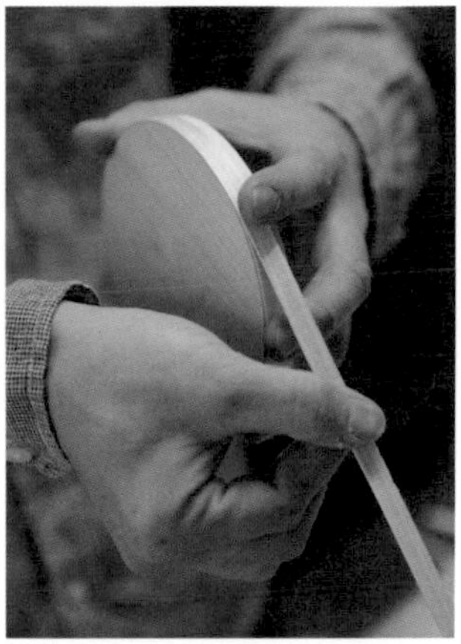

6 沿著側面開始捲繞。

7 捲完一條就用夾子固定，接著在木條尾端外側塗上瞬間膠。

8 將新的木條放在塗抹瞬間膠的地方，按壓十秒左右，確實黏合以後再開始捲繞。接下來重複這樣的動作。

9 捲起來的厚度達2公分後，就在最後一條木條尾端的內側塗上瞬間膠固定。

10 不要讓捲起來的木條歪斜，調整形狀成為漂亮的圓形。

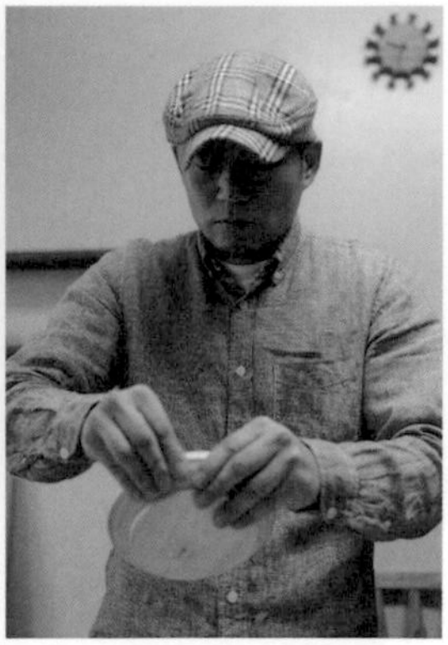

11 開始立起盤子的側面。用雙手一點一點地推開捲起來的木條。不要集中推某處，要平均地慢慢推開。

12 推到覺得差不多，側面都立起來就可以了。照片中的盤子內側高度為2.5公分。

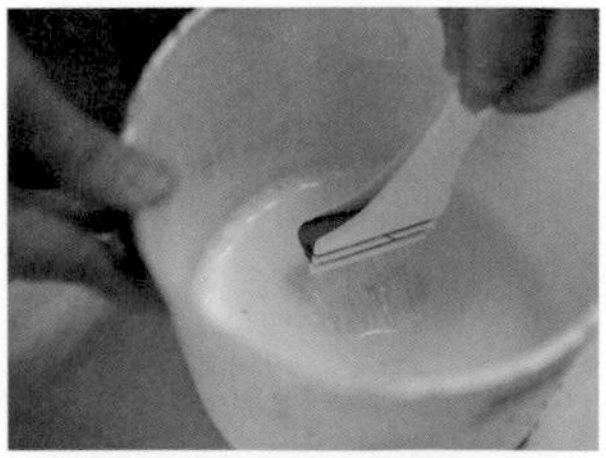

13 將木工用白膠放入容器裡，加水稀釋。水量要看濃稠度來判斷，維持在不透明的程度就可以了。

14 用毛刷將外側塗上白膠溶液。每個縫隙都要滲透，且不可留下液體泡沫。底板不要塗。

15 內側也要塗刷，然後等待白膠乾燥。請至少靜置半天以上。

16 乾燥後用砂紙磨加工，先用粗的#120砂紙。用砂紙包住墊木，然後均勻打磨內側的段差。

17 大致磨過之後，拿掉墊木直接用手按著砂紙磨。

18 換成細砂紙繼續修整，順序為#120→#180→#240→#320。將溢到底板的白膠、底板整體、邊角修圓處等都用#240磨過，最後再用#320精修拋光整體。

盤身加了一條黑核桃木的盤子。只一條卻大幅改變整體的印象。山極博史製作。

把底板換成橢圓形，側邊改用黑核桃木。山極博史製作。

19 用布擦去木屑，塗上油。塗一遍就可以，但是塗兩遍除了塗飾得更漂亮，強度方面也比較牢靠。

20 塗油後大約五分鐘，將油擦去。

完成 成為適合盛裝餅乾、點心的盤子。

製作要點

木條的捲繞手法決定了好壞！

一　最重要的訣竅就在於捲木條的方式。捲的時候要適度拉緊，仔細地捲繞，力道不能太強也不能太弱。捲繞數條之後就會知道如何加減力道。為了不讓捲好的木條鬆開，要善用夾子。

二　推起捲成圓形的木條時，要一點一點地全面推展。不要一口氣往上拉。

三　用砂紙打磨時，要看著作品整體均勻地磨。要是集中打磨一處，會導致木條薄到透光。若是殘留毛邊，上油後會只有那裡翹起來。所以木料起毛邊一定要仔細拋光去除。

3

缽、沙拉碗

須田二郎製作的器皿和餐具。

帶出素材質感
又有優美線條

須田二郎的生木沙拉碗

Suda Jiro

沙拉碗。大：直徑約22公分，高10公分。中：直徑約13公分，高8公分。小：直徑約10公分，高3公分。

須田二郎（Suda Jiro）
1957年生於新潟縣。明星大學文學院英文系畢業。從事製作天然酵母麵包、栽培無農藥蔬菜、製作木炭、承包林業協會指定的山林工作等。1998年開始用車床加工倒木製作木器。

「嗡……嗡……」須田先生用電鋸將櫻花木原木縱向剖成兩半，接著又快速切去邊角，技巧十分純熟。須田先生有製炭和疏伐等山林工作的經驗，因此處理木料的速度很快。

「以前每二十年要把雜木林的樹砍掉，作成柴薪或木炭。現在沒有這種永續再生的機制後，森林變得荒蕪，長大的樹也歪歪扭扭無法當建材。因為我作過森林義工，也接過林業協會的工作，為了讓森林重生，就想能不能有效運用這種樹呢？於是開始學木工。」

須田先生使用木工車床來刨削生木，直接作成器皿，材料都是疏伐木或是被颱風吹倒的櫻花木、枹櫟等。因為直接使用未加工的天然木，因此不會出現形狀、尺寸完全相同的作品。

「木料一旦有裂縫，就非得避開裂縫才能作成器皿。因此木料的大小和粗細決定了形狀。」

須田先生讓我觸摸用車床刨削好的櫻花木木胎，可以發現木胎裡還飽含水分。在削切成器皿的形狀後，靜置兩到三週，木

製成直徑30公分的櫻花木深碗。

鋸掉邊角。

用電鋸將櫻花木原木剖成兩半。

須田先生製造的器皿，備受許多料理研究者和電視劇料理造型師的歡迎。

剛刨削好的深碗和盤子。深碗直徑30公分，盤子直徑25公分。

（左）櫻花木，稍微變形為18 × 16公分。（右）櫻花木，直徑16公分。（下）櫸木，直徑12公分。

胎會因為乾燥收縮而產生變形。木胎的這種自然反應帶出了良好質感，可以說是須田作品受歡迎的根本。

「一開始製作的成品更厚也更俗氣，後來聽取料理研究者和造型設計師的建議，將厚度壓縮到一公分以內。」

刨切木料時也並非完全順其自然，而是計算過線條的優美和方便使用的程度，同時引出木料所具備的素材優點。

完成品會塗抹沙拉油作最後加工。大的深碗裝入生菜沙拉並淋上醬汁，醬汁裡的油會滲進木料形成保養，愈用愈好用。

用自製器皿盛裝料理的須田先生。

以廢棄杉木製作
上漆塗飾後彷如重生

小沼智靖的木口文様缽
Konuma Tomoyasu

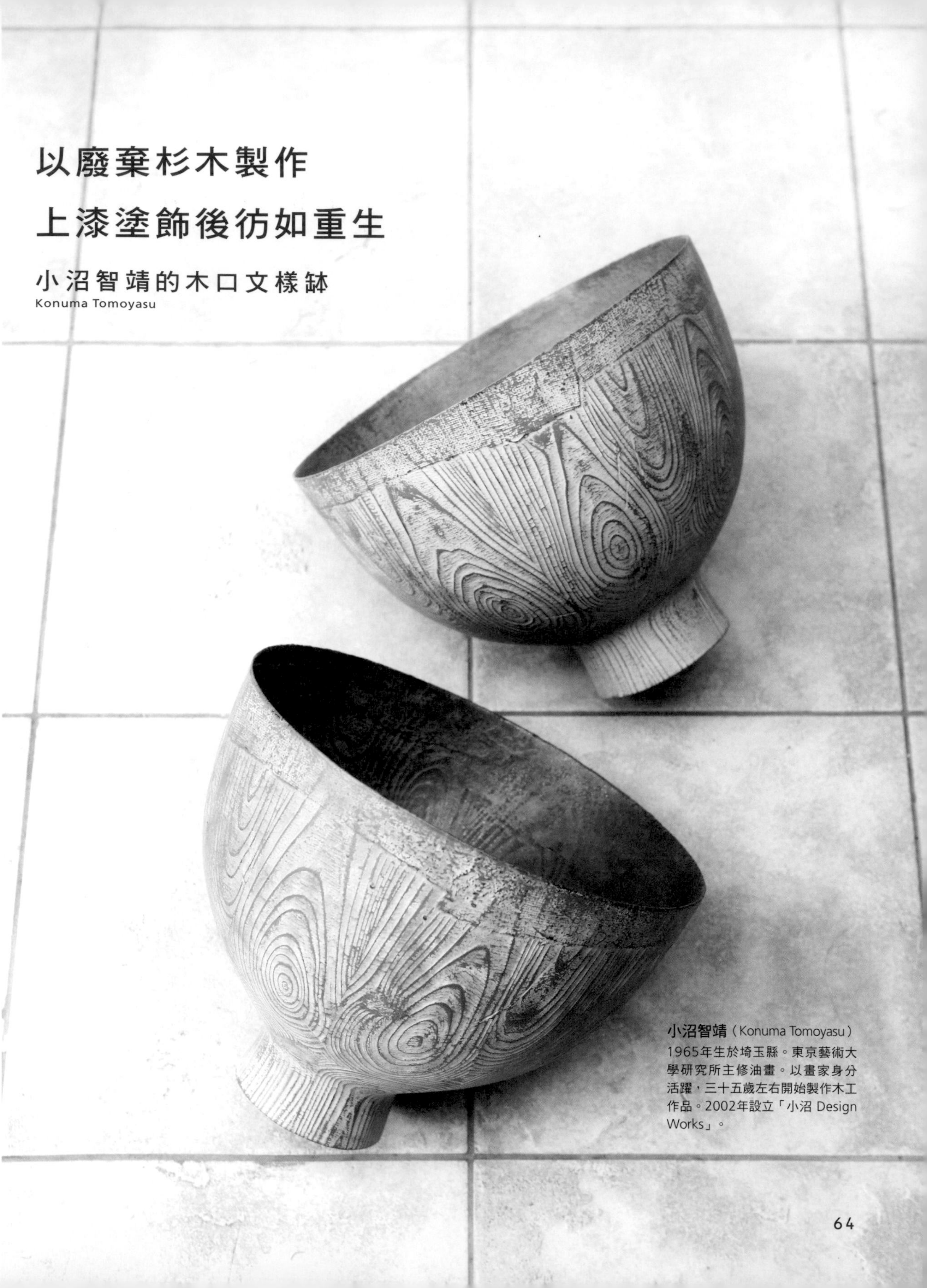

木口文樣缽。杉木製。雖然塗裝白漆，但成品卻比較接近米白色，直徑30．5公分，高24公分，也有小尺寸成品。

小沼智靖（Konuma Tomoyasu）
1965年生於埼玉縣。東京藝術大學研究所主修油畫。以畫家身分活躍，三十五歲左右開始製作木工作品。2002年設立「小沼 Design Works」。

契機是十幾年前的新聞，報導四國有大量被風吹倒的樹，不知該用在哪裡而傷透腦筋。當時身為畫家的小沼先生尚未接觸木工。

「看到新聞後，我認真思考有沒有自己力所能及的，結果想到的就是拼合細木料，讓漩渦般的木紋並排，說不定會呈現出有趣的紋路。」

於是他立刻拿家裡的舊木料試著鉋削制作，結果一如預期出現了很有趣的作品。之後又將杉木的次級品建材切短，用黏著劑把木條組合起來製成木塊，再削切作成凳子或器皿。就這樣邊畫油畫，邊利用被捨棄的木料來創造藝術作品。

例如，巧妙融合杉木木紋及漆的質感，打造出洋溢存在感的「木口文樣缽」。就是將組合起來的杉木塊放在車床上，用車刀（車床的切削工具）切成想要的形狀。大的缽不僅可以拿來當花器，舉辦派對時放到餐桌中央，擺上料理，更成了會場的吸睛焦點。

「為了小心不要把木塊弄裂，像削掉薄皮那樣的車床加工技術是自己摸索出來的。」

塗漆方面，則是詢問在藝術大學學漆的人，還有輪島塗（一種日本漆器）的工匠。

「我用畫油畫的感覺來上漆。油畫和漆有共同點，所以作起來容易。似乎很多人都希望他們的漆器能保持光滑細膩的模樣，不過我卻希望自己作品能更經常被拿出來用，底材在常年使用中會漸次顯露出來，其實非常漂亮，可以享受經年累月的變化所帶出的韻味。我的孩子們日常也都使用這些木器。」

以畫家的感性，將木料素材的存在感用器皿形式表達出來的小沼作品，愈是使用，就愈有獨特的風味。

杉木生木碗，上漆塗飾，直徑13.5公分。

淺盤。使用杉木拉門建材的邊角料，上漆塗飾，16.5×16.5公分。

杉木生木碗。左邊的碗高5.7公分，右邊7.5公分。背景是木口文樣缽。

日本常綠橡木製造的一般器皿，以紫蘇油塗飾。

小沼先生，攝於自家一樓的工房內。

保留樹皮的感性造型

大崎麻生的白樺木NIMA與深碗

Oosaki Mao

白樺木NIMA（碗緣彎曲）和深碗（圓形）。以聚氨酯塗料塗飾。大的NIMA是29×23×最大高度12公分。最大的深碗是直徑14公分，高8公分。

大崎麻生（Oosaki Mao）
1968年生於北海道。1995年成為北海道置戶町的木工技術研修生。從手工藝作家時松辰夫習得木旋車床等木工技術。2001年在置戶町雄勝開設「大崎工房」。

白樺木NIMA。因為是使用自然木，所以找不到相同形狀的作品。大崎先生說：「想像著它會被用在什麼地方，心裡就有種期待，也就有動力下工夫去作。」

可以在樹皮下方看到維管形成層附近的深色區，成為吸睛亮點。

用木旋車床削切白樺木圓木段。

工房的後頭堆放著白樺木原木。這些是每年十二月到隔年一月，大崎先生自己到山裡砍伐下來的。四月初入春後，北海道的白天氣溫開始上升，大崎先生便開始著手製作NIMA和深碗。NIMA在愛努語是器皿的意思。

「樹木根部無法吸收水分的寒冷時期，是伐木最好的季節。砍伐後暫時放在外頭『冷凍保存』，到四、五月趁木料還沒乾的時候，就一口氣鋸斷刨製產品。」

大崎先生在成為知名的北海道置戸町OKE-CRAFT木工研修生時，就和老師亦即木工作家時松辰夫先生嘗試使用白樺木製作器皿，並從錯誤中學習。OKE-CRAFT的器皿主要都是以當地的蝦夷松為素材，但由於擔心資源枯竭，所以就思考能否利用成長快速的白樺木。白樺木之前頂多被拿來當冰棒棍，不被視為有用的木料。乾燥之後雖然會變堅硬，但是殘留在樹幹裡頭的泛黑樹節卻讓人敬而遠之。

反覆試驗不斷摸索到最後，誕生的就是NIMA和深碗。彎曲造型的器皿取名叫NIMA，跟圓形深碗一同成為OKE-CRAFT的人氣商品。製作者有好幾人，不過又以大崎先生的作品樣式最為洗練、最受歡迎。

「我用心於讓作品看起來簡潔俐落。話雖如此，也不能太過度。由於材料就是原本的自然木，所以形狀各異。我會一一審視木料，同時用自己的感性去鉋削形體。」

要訣在於留下恰如其分的白樺木樹皮，並且充分展現樹皮內側維管形成層附近的深色處。這種白色之間像是夾著黑核桃木的自然造型，透過大崎先生的手和流暢的線條，完美地調和在一起。

大崎先生和OKE-CRAFT的同伴去砍回來的白樺木原木。白樺木在日照充足的空地會生長得很快。雖然很多都市人對白樺木有憧憬，但在北海道就只是普通的樹，而且還被認為是沒什麼經濟價值的木料。

塗上柿漆的手雕缽

by 森口信一

用鑿刀一點一點雕鑿栗樹木料，製作出一個小缽吧！視狀況分別運用圓鑿、翹頭圓鑿、平鑿等，最後以柿漆塗飾。

負責示範的是木工作家森口信一先生（P102）。

以柿漆塗裝完成的手雕缽。直徑12公分，高3.7公分。

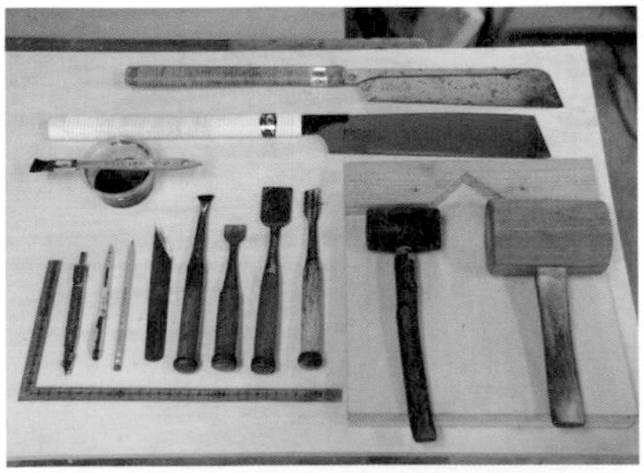

材料：

栗木（這次使用的材料是12.5×12.5×厚3.7公分。差不多這種大小的木料即可。）

工具：

作業臺
木鎚
橡膠鎚
圓鑿（刃長6分＊刃長的尺寸僅供參考）
平鑿（刃長1寸2分）
平鑿（刃長8分）
翹頭圓鑿
小刀
鉛筆
原子筆
圓規
角尺
導突鋸
鋸子
柿漆
毛刷
砂紙（＃600）

在木料上畫線

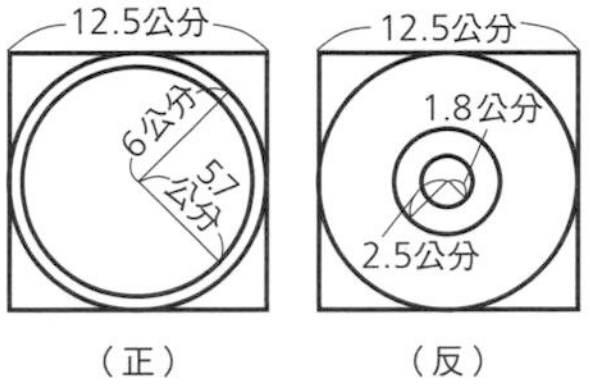

1 在木料表面畫對角線找到中心點，再以圓規畫一個半徑6公分（直徑12公分）和半徑5.7公分（直徑11.4公分）的圓。
背面也一樣畫圓，不過是半徑2.5公分（直徑5公分）和半徑1.8公分（直徑3.6公分）的圓。

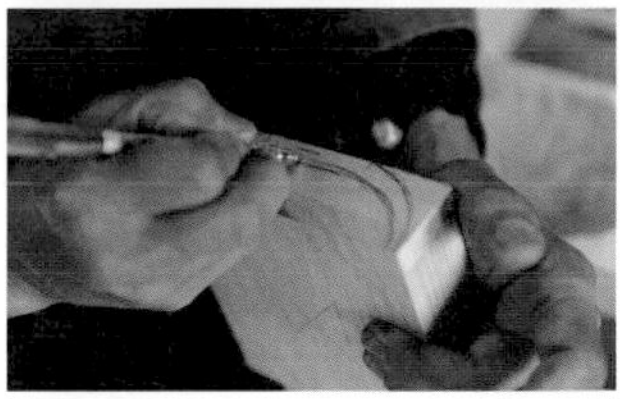

2 在側面畫上曲線。底部厚度留7～8公釐。

雕刻內側

3 用F型夾把木料固定在作業臺上，然後拿木鎚敲打圓鑿開始豪邁雕刻。先從中央開始。不要只朝單一方向，要旋轉木料均勻地鑿。拿著鑿子的左手上臂要貼緊身體。

4 不要鑿太深弄得像是V型流砂坑。第一下都先立起鑿刀，接著一點一點地傾斜鑿刀。

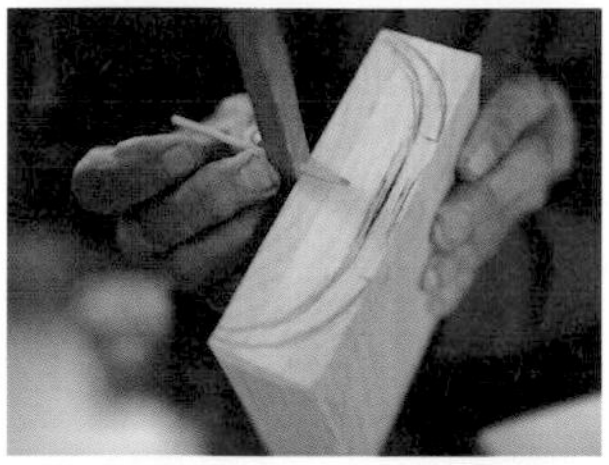

5 鑿到差不多後，要測量深度看是否符合側面的弧線。用錐子在棒子上開洞，然後穿過竹籤就成了一個方便測量深度的工具（測量儀）。

6 從直徑11.4公分的圓內約2公釐處往中央鑿。手雕木器一旦鑿過頭就無法修正，所以在這個階段不要鑿過線。

7 鑿深之後，就用橡膠鎚敲打修平內側的曲面。併用圓鑿和翹頭圓鑿修整。

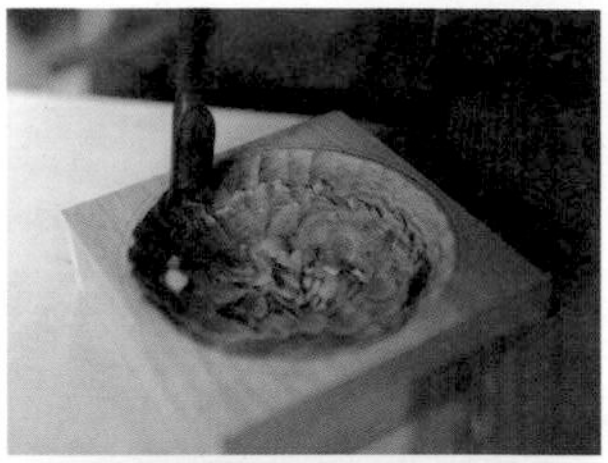

8 鑿得差不多了，就開始用圓鑿縱向雕鑿。遇到逆紋不好鑿的情況，用不著全部鑿完，之後再改變方向或是用翹頭圓鑿處理。

9 最後的加工用手推鑿刀，邊確認弧度邊作業。

10 確認內側是否有形成漂亮的弧度。拿鉛筆貼在邊緣將木料旋轉一圈，從上方看，若筆跡幾乎是圓形就OK。

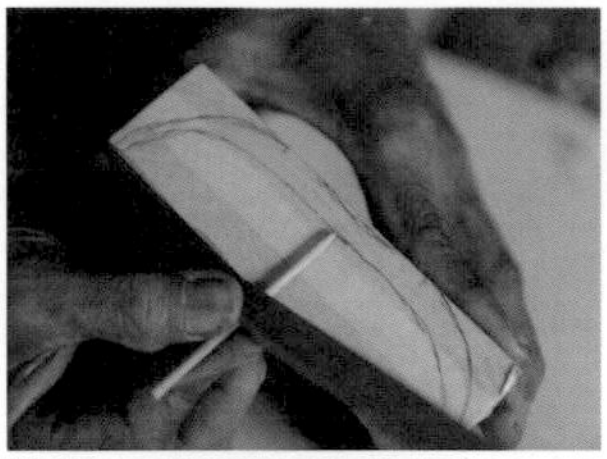

11 用先前製作的測量儀確認深度。若是幾乎和側面的圖一致就OK。

雕鑿外側

12 先輕輕地削背面直徑3.6公分的圓圈內側。

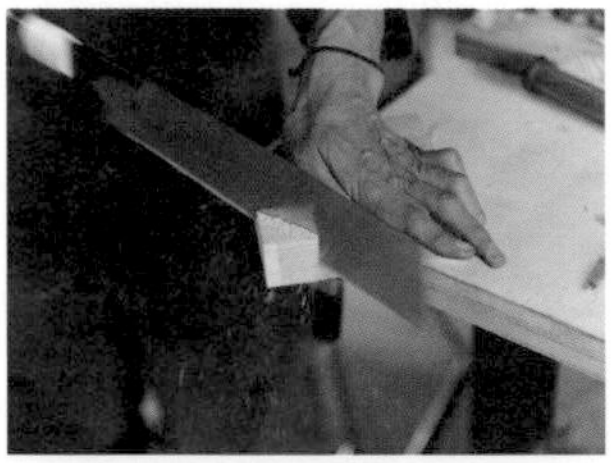

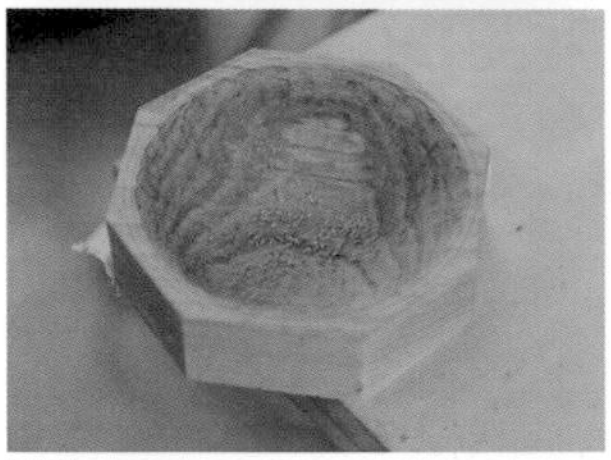

13 用鋸子切掉邊角。在事先要切掉的地方畫線，距離容器邊緣約2～3公釐。

14 用平鑿將鋸子切削過後的邊角稍微修整一下。

15 用圓鑿粗略削去碗底木料。盡可能沿著木紋。進入距離邊緣2公分附近處，就開始斜斜地鑿削。

16 要不時審視整體的平衡。若外側的曲面作好了，就用平鑿為邊緣四周收尾。

17 使用小刀或鑿子修圓。

完成胎體。

塗上柿漆

18 毛刷沾滿柿漆，從裡面開始塗。等乾得差不多後，再開始塗表面。

19 乾燥後，用＃600砂紙快速打磨拋光，去除刨花。

製作要點

不要作成V形凹洞

一 鑿子先直立鑿下，然後一點一點地增加曲度雕塑。不要鑿得過深像V形。拿鑿子的手臂要夾緊。

二 盡可能沿著木紋雕鑿。感受到逆紋，就先停下來。也要頻繁地清除木屑。

三 「手雕木器要是鑿過頭就完了。」把這銘記在心。因此，要仔細確認底部的厚度。

完 成 擦去木粉後，再塗一次柿漆就完成了。

4

輕便好用的漆器

為傳統碗的形狀加入現代感

落合芝地的外雕目碗

Ochiai Shibaji

落合芝地（Ochiai Shibaji）

1975年生於京都府。2000年於京都市傳統產業技術者研修漆工本科修畢。之後在京都樹輪舍木工塾學習木工基礎，又隨滋賀縣永源寺的小椋宇三男學習木旋工藝。2005年開始在各地舉辦個人展。2011年在大津市開設工房。

落合家正在用餐，餐桌上的菜色都擺放在落合芝地先生製作的器皿中，白飯盛進留有雕痕而極具質感的「外雕目碗」裡。

「自古以來，碗的形狀就被定義為要有底座。不過形狀都一樣就不有趣了。『用手拿著，送到嘴邊，貼在嘴唇上』，我意識著這些基本動作，想說能否作出方便使用又有現代感的碗。就這樣邊想邊作。」

落合先生二十五歲之前是在京都學習塗漆和蒔繪，之後又學會手雕木器和木旋技術，一開始的工作是漆匠，但是也有經手正統派朱塗和黑塗碗。二十五歲之後開始去參加各地的手工藝品展，接觸到許多顧客，作風也慢慢地改變。

「留下木材質地或木紋，我覺得比較適合我，就像現今有很多以拭漆塗飾處理的作品。我作的雖是漆器，卻想營造出平易輕便的感覺。我想提供因育兒而忙碌的同輩人可以輕鬆負擔的物品，心想若有堅固耐用的漆器，那就再適合不過了。」

落合先生曾在漆產地岩手縣淨法寺作了一季「採漆人」，當時的體驗非常寶貴，要早起上山，思考如何才能採到優質的漆，然後在森林裡刮漆，品嘗著

單嘴缽。以蒔地技法塗飾，十分堅固。落合先生使用傳統漆器技法製作日常的生活用品。直徑14公分，高9.5公分。
＊蒔地：日本漆器底漆的一種傳統技法。將漆直接塗在素材上，在乾燥之前撒上研磨粉。質地粗獷，也適合用來塗飾日用器皿。（譯注）

從左邊開始是外雕目丸碗（直徑11.5公分，高6.7公分）、外雕目碗、外雕高臺糸目碗、外雕目飯碗。

使用木旋車床工作中。

托盤的材質是水曲柳，40 × 30公分。

托盤的兩端為了方便拿起，添加了一點曲度。

8寸的檜木盤，直徑24公分，拭漆。漆會滲透進木料柔軟的部分，讓顏色變得更深。

櫸木長盤，49.5 × 12公分，拭漆。

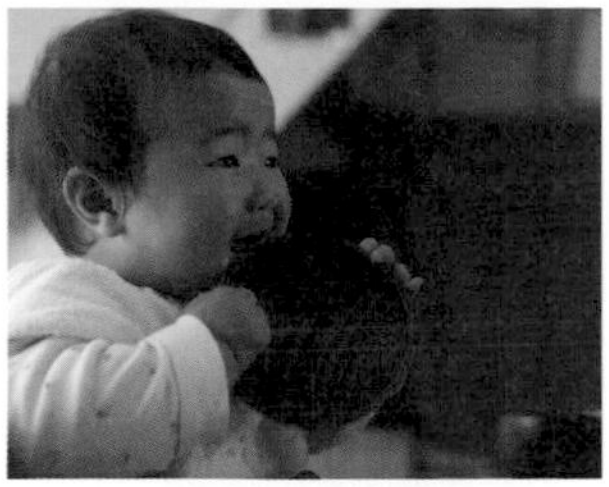

次女蕗子非常喜歡拭漆的盤子。

妻子佐知子小姐的料理，盛放在芝地先生的手作器皿，全家一塊用餐。

怡人的孤獨感，也感受到採收量極低的生漆多麼可貴。光是如此，就已道盡了漆的魅力。

「不管是熱湯還是熱炒料理，這些器皿都能應付，而且很堅固。要修正或重塗都很容易，沒有比漆更好的塗料了吧。雖然有人覺得保養很麻煩所以敬而遠之，但若是先從碗開始使用，試著去熟悉，我會很高興的。」

落合先生刻意在木胎表面留下痕跡，表達出木作的質感。就像「外雕目碗」外側的鑿痕。

「那是用刀刃一一刻下的痕跡，不過沒有作得很誇張，仔細看會有『是什麼東西弄的呀』的感覺。」

落合家用餐完畢後，次女蕗子含著爸爸以拭漆塗飾的盤子不放，看來未滿一歲的嬰兒已經十分熟悉漆器了。

簡單的造型與色澤
更加襯托出料理

山本美文的白漆器皿
Yamamoto Yoshifumi

義大利麵用的折邊盤（有邊緣的盤子）和白漆盤。

山本美文（Yamamoto Yoshifumi）
1959年生於岡山縣。1987年在長野縣上松技術專門校學習木工的基本技藝，修畢後開始獨立創作。1997年回到岡山，一邊製作家具、器皿、手工藝品等，同時在全國各地舉辦個人展或團體展。

留有鑿痕的白漆盤（材質是連香樹），和以木旋車床製成的碗（材質是七葉樹）。

山本先生將妻子祐子小姐親手作的料理，盛進自己製作的碗盤中。折邊盤與白漆盤讓色香味俱全的菜餚看起來更加美味。

山本先生是在幾年前開始使用白漆的。一般來說，漆器給人的印象大多是紅色或黑色。

「特別的日子，平常的日子，日本人喜歡遵循自古流傳下來的思維，在特殊日子像是新年，就用紅色器皿。於是我想，那麼為了以示區別，日常所用的器皿何不上白漆呢。」

山本先生在長野縣上松町以木工作家身分獨立創作時，主要是製作家具。工房遷移到岡山的老家後，就開始用當地的木材來製作木器。

「日本的中國山區也有可供作家具的闊葉樹，不過大樹很少，不時得拼合木料來製作家具，因此萌生有沒有什麼方法可以活用木料的念頭。後來我想小樹可以拿來作小東西，於是開始製作器皿。」

現在，山本先生原創的器皿和木製餐具都很受歡迎，愈來愈沒有時間去製作桌椅之類的家具。即便如此，諸如為新房子建

廚房凳子（材質為核桃木）。椅面高度60公分。

湯匙、叉子、奶油抹刀，都是以山本先生家附近「橄欖園」裡的橄欖樹為材料製作而成。

岡山縣牛窗町橄欖園的園內展廳「橄欖小徑」，正在展示山本先生的作品，有夏克風餐桌、長凳、架子、橢圓盒等。

核桃木製的果醬匙。

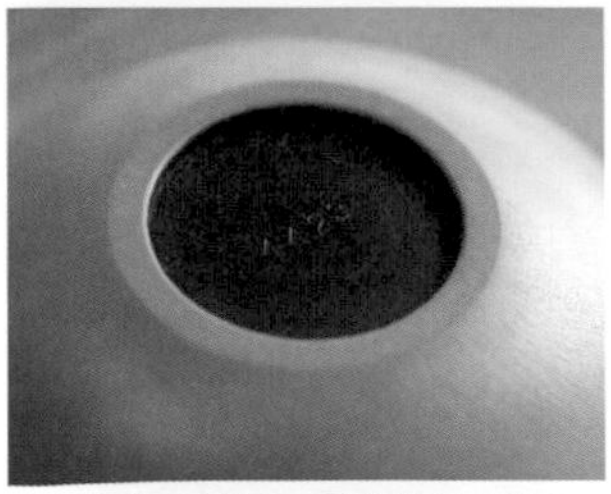

碗底的數字4423，是作家名「美文」（よしふみ）的諧音。

白漆的碗底有貼布。乍看之下像是陶器，很多客人一拿起來都忍不住訝異說：「啊，好輕！」

造廚房之類的委託案件還是不斷上門。

不管是家具或器皿，山本作品整體都給人簡樸的印象。這種形式只能以削去多餘、自然融入生活的用具來形容。不管是什麼樣的空間都能適應。

「我作的家具，特徵就是沒有山本美文這個人的氣息。家具是要長年使用，乃至於傳承給子孫的物品。若是作得太有個性，有可能不合繼承者的喜好。所以我留下讓下一個世代可以使用的空白。製作器皿時基本上也本著同樣的思考。」

山本先生在技術專門校製出的第一個作品，是仿夏克家具的三角桌。由於進入專門校開始就一直對簡樸事物有憧憬，因此老師建議他作作看夏克風物品。從那時開始，山本先生就意識到夏克風的家具和用品兼具了簡樸和機能性。

「夏克風格不是以設計感為優先，而是徹底考量在生活中的便利性。而我想把這種想法用自己的方式表達出來。」

而將這個想法化為具體的作品，就是白漆器皿、廚房凳子和核桃木的果醬匙。這就是山本先生表達出的簡樸和日常使用方便性。雖然當事人說沒有山本美文這個人的氣息，但其實誕生出的作品都散發著山本光彩。

用帶鋸機切木料的山本先生。

用加拿大製的南京鉋削切山櫻花木，製作叉子。

襯托料理的山本器皿。

為妻子祐子小姐所作料理擺盤的山本先生。他自稱很喜歡享受美食。

山田真子（Yamada Mako）
1980年生於石川縣。高岡短期大學產業工藝學科（主修漆工藝）畢業。2000年師事日本工藝會正會員佐竹一夫先生，同時在石川縣木旋技術研修所學習木旋與漆的技術。2002年從研修所畢業。2005年開始獨立創作，從事「木旋工藝師」以及木漆作家的工作。

沒有底座、造型簡單的「HEGO」系列木碗。手感十分怡人。高7・5公分，直徑12・5公分。材質是七葉樹，拭漆塗飾。

使用木旋車床
作出自己想用的物品
並以拭漆塗飾

山田真子的「HEGO」系列器皿
Yamada Mako

輕盈又光滑，無法言喻的怡人圓潤感，與手十分契合。就算裝熱湯，捧著的手也感受不到熱度。這些木器的觸感令人愛不釋手。使用七葉樹木料鉋削成型，以拭漆塗飾的碗，是沒有底座的簡樸造型。

「這是我平常自用的器皿，經常用來裝料多的燉煮料理或湯。在吃烏龍麵等麵食的時候，就用更大的碗來裝。」

山田真子小姐是在「山中塗」（一種日本漆器）的產地石川縣山中溫泉出生長大，是少數的女性木旋工藝師（用木旋車床將木料削成碗、盤等器物的匠人），同時也是從木胎製作到上漆工序一手包辦的原創木漆作家。

在木旋工藝師的工作裡，會接到來自漆作家或塗師訂購碗盤器皿的訂單，而尺寸要毫無誤差。但當自己是木漆作家時，就會懷著形狀多少會有點不同的心情，放手去作。

「HEGO」系列器皿。拭漆塗飾，將七葉樹的夢幻木紋表現得更加美麗。

裝在拭漆器皿（七葉樹）裡的優格和草莓果醬。

「在創造自己的作品時，我會留意不要太鑽牛角尖。先隨性地把形象畫成圖，之後邊削邊想著大概這樣就行了吧。」

在開頭介紹的容器是「HEGO」（へご）系列之一。所謂的「へご」，在石川縣這一帶的方言是「歪斜的」意思。成品也確實不是正圓形或橢圓形，而是不那麼規整的造型，於是就以「へごる」來命名。其實這個作品是在偶然下誕生的。

「我在東京的大型會場舉辦的展示會上展示器皿時，由於場內十分乾燥，結果木料產生變化導致作品乾縮變形。當時我受到很大的驚嚇，但卻又覺得形狀很有趣，感覺不賴。」

幾年前，山中區的木旋工藝師和塗師們一塊去了加拿大，和當地木旋工藝的創作者們（Woodturner）交流。

「他們使用自然天成、毫無修飾的木料自由創作的作品，在我心中留下極為獨特的印象。」

那時的經驗也反應在現在的山田作品上。

「與器皿相關的創作，我都會用心在簡單上。沒有裝飾和底座，懷著減少再減少的心情來把想像化為形體。特別是拭漆方面，要是增添太多反而就變得不漂亮了。」

繼承了傳統工藝的技術，同時又添加新穎的感覺和個人的感性，催生出了山田小姐的器皿，成為以感性和舒心好用為賣點的生活用品。

山田小姐說：「小時候很常跟父母一塊去參觀美術館和傳統工藝展。」

處理過的木料。接下來要以木旋車床削切。

把木料放在刨具上，啟動電動木旋車床開始旋削木料。

茶罐。外側有貼布。連蓋高17公分，直徑7公分。

塗漆前的木胎整齊排放在工房壁架上。

鑿刀全都是山田小姐自己作的。要削製出一樣器皿得用上6種刨具，最後再以小刀修飾。

小碟子。這些也是用木旋車床作出來的。菱形盤（左下）兩端之間的長為9公分，寬6.5公分，材質是七葉樹，以拭漆塗飾。

塗漆的胸針和髮簪。最上面的是貼金箔。

以木旋車床削出的底材和飾品。木料的斷面誕生出獨特的形狀。

髹漆竹盤

by 飯島正章、森口信一

剖開竹子、削薄、打磨、塗漆，漂亮的盤子就作好了，出乎意外地簡單。可能有人覺得塗漆很難，不過只要按部就班進行，就算是初學者也能在不沾到漆的情況下順利完成。

示範竹藝的是飯島正章先生（P52）。示範塗漆的是森口信一先生（P102）。

髹漆竹盤。長24 ×寬5公分（後）。

材料：

桂竹

＊桂竹的竹節間隔比較長，彈性好，比較容易剖開，也易於加工。

＊用孟宗竹作材料，會有一點黏。

工具：

鋸子（最好是專用竹鋸，不過細刃的鋸子也可以）

木鎚（鐵鎚或玄能鎚也可以）

雙刃柴刀（剖竹刀或竹篾刀）

小刀

作業臺

捲尺

鉛筆

砂紙（＃180）

掃帚

立架（剖竹臺）

不鏽鋼菜瓜布

去污用海綿

製作方法

1 準備一根洗淨的竹子。將切口後一公分的地方鋸掉，再從竹節後幾公分的地方把竹筒鋸下來（距離切口較遠處）。竹子要在「立架」上固定好才鋸。

2 把竹子縱向剖成一半。拿柴刀抵住切口的正中央，然後用木鎚敲打柴刀背面。

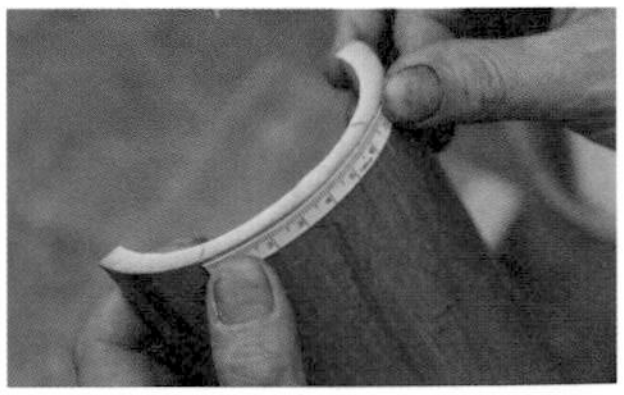

3 用捲尺在剖開的竹片中間量出5～8公分（視竹子粗細來判斷適合的寬度），作好記號。

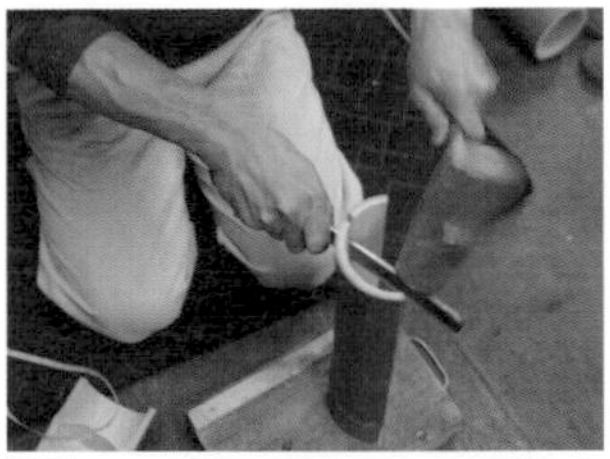

4 柴刀抵住記號處，用木鎚敲打剖開。要讓柴刀垂直剖開竹子。

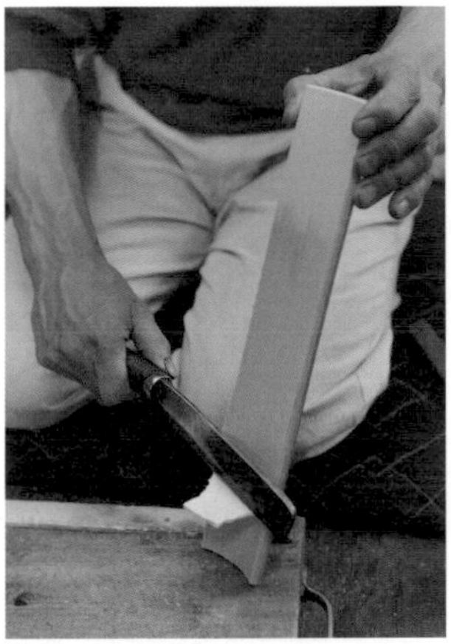

5 用柴刀除去突出的竹節。

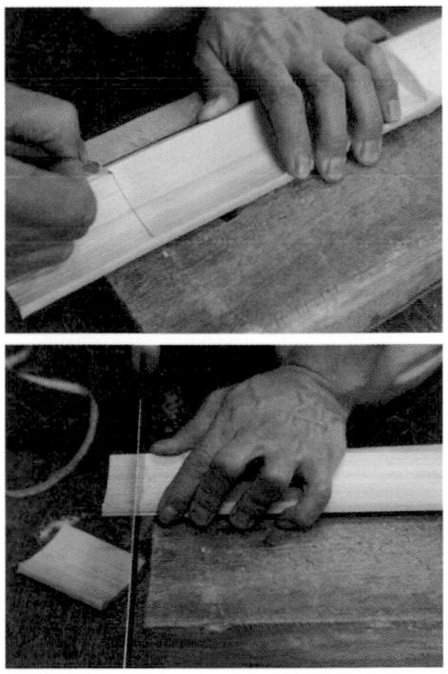

6 在預計的成品長度處用鉛筆畫線，然後鋸斷。兩頭都要鋸。

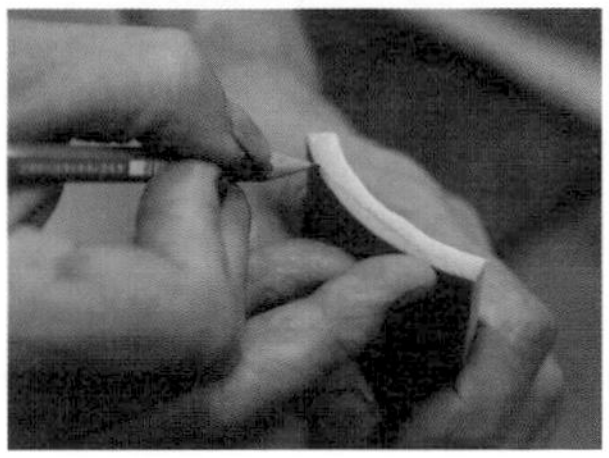

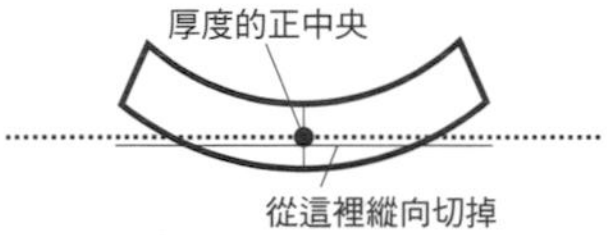

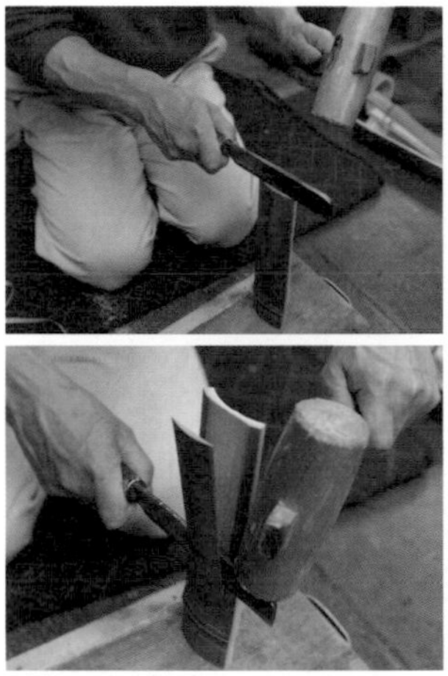

7 用柴刀縱向切除竹子表皮，好在背面作出一個平面。柴刀抵住竹片厚度的正中央偏外一點往下切。在切之前可以先用鉛筆畫線作記號，方便對準。

要注意！

要是柴刀太接近竹子內側就會失敗。

8 兩側的竹皮也要去除。

9 用小刀修整形狀。將所有邊角修圓，竹節上面也要修。

10 用去污海綿或不鏽鋼菜瓜布確實磨去竹子內層薄膜。磨掉的地方顏色會變得比較深。

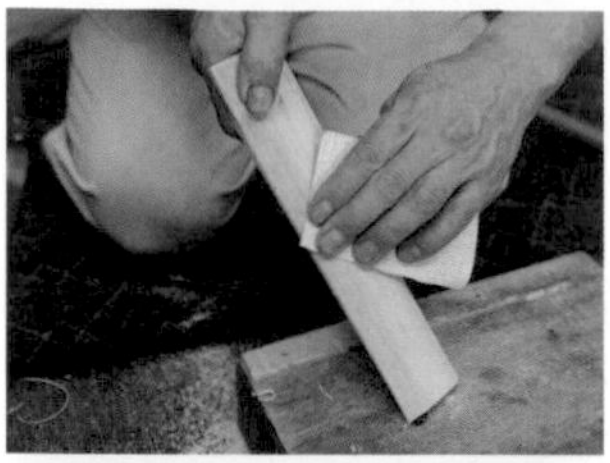

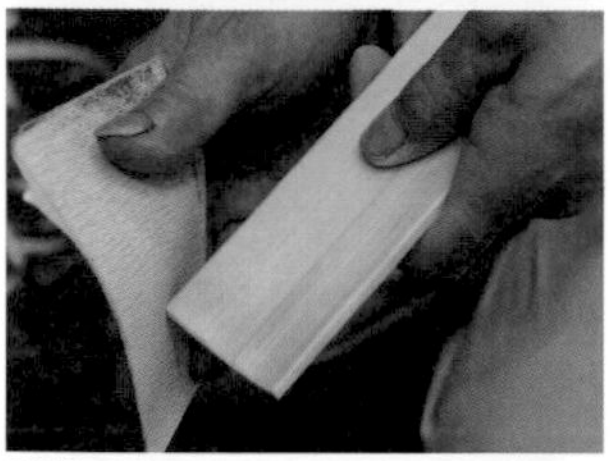

11 擦乾竹片後（剛剖開來還會帶著溼氣），用＃180砂紙磨過整塊竹片，特別是竹節和邊角的地方要加強。用手摸竹片，確認沒有毛邊。

12 用掃帚除去細屑。

製作要點

削去外側是最困難的地方

一　用柴刀削竹子外側時（步驟7），為了讓成品能穩穩擺放在桌面，所以要切出較大的平面。可是不能讓柴刀太靠近內側。失敗了，就多練習幾次來掌握要訣吧！

二　要徹底清除竹子內側的薄膜（竹膜），不然之後會剝落，變得斑駁難看。

三　盡量去除毛邊，把邊角修圓潤點，成品看起來才漂亮。

完成胎體。

完 成 再塗兩道漆就大功告成（右前方的塗了三道）。
＊關於塗漆的工序，請參照「初學者也不會沾手，簡單的塗漆方法」（P.90）。

初學者也不會沾手，簡單的塗漆方法

範例：竹盤塗漆工序

以竹盤塗漆的工序為範例，介紹初學者也能輕鬆辦到的簡單塗漆方法，使用的工具幾乎全都能在賣場買到。覺得備齊工具很麻煩的人，賣場也有販售簡易塗漆套組。

示範者森口信一先生，教過約兩百名大學主修工藝的學生塗漆法，其中不小心沾到漆的就只有一人，而且還是沒聽他說話的學生。

工具：

- 塗漆臺（在臺子上放一塊布，用繩子綁起來，髒了就換掉。作品要放在上頭塗漆，但因為這次是竹片所以幾乎不會用到。）
- 口罩
- 塑膠手套（拋棄式。大一點比較好。）
- 工作手套
- 袖套
- 手板（把塗好的漆器放在上面再搬動）
- 漆（軟管裝）
- 裝漆的容器
- 煤油（裝進清潔劑容器中）
- 松節油
- 裝煤油的容器（洗毛刷用）
- 護膚霜
- 木鏟
- 毛刷
- 刮鏟（刮掉附著在毛刷上的漆）
- 紙巾
- 塑膠袋（大）
- PP板（可以在百元商店購買）
- 報紙
- 塑膠容器（大的，要有蓋子）
- 園藝用棧板（這次使用2片30×30×3公分的棧板）
- 毛巾（數條）
- 溫溼度計
- 碎布

要注意！

生漆過敏要看個人的體質和狀況。也有工作三十年的老手塗師因為身體狀況欠佳，沾到漆後起疹子。這次就徹底介紹不容易沾到漆的預防方法。要知道，就算塗了護膚霜之類的，還是有可能因為體質和身體狀況而被漆影響。這點還請多加留意。

製作方法

製作乾燥室

（漆在溼度70％～80％左右最快乾燥。用塑膠容器來當乾燥室吧！）

1 在塑膠容器底部鋪毛巾，然後放進兩塊園藝用棧板。

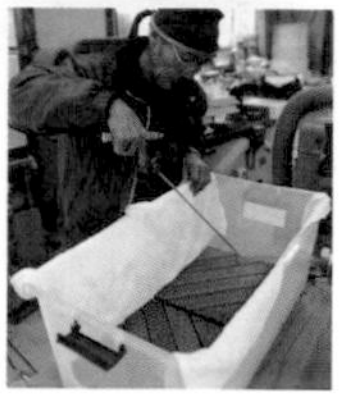

2 在容器兩側掛上溼毛巾，毛巾一端塞進棧板底下。在棧板上倒水。這些都是為了提高容器內部的溼度。

3 放入溫溼度計後蓋上容器的蓋子，等溼度上升。過個幾分鐘後容器內側就會有水滴凝結。

準備塗漆

4 將塑膠袋鋪在作業區，用膠帶固定住，然後鋪上報紙。最後再將PP板的光滑面朝上放置。

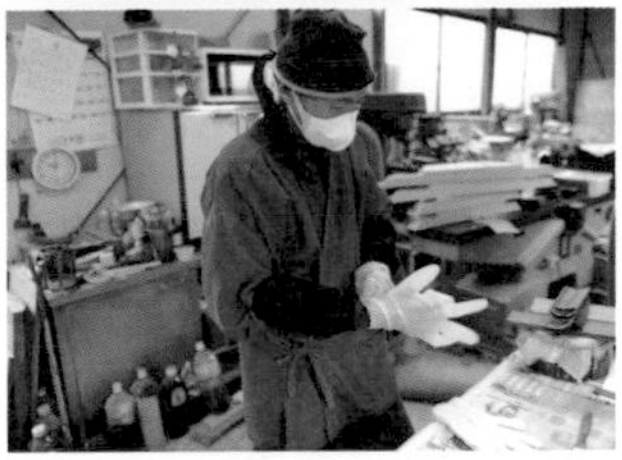

5 臉部（耳朵和脖子也要）、手等裸露的部位全部都要塗上護膚霜，然後戴上口罩。接著依序穿上袖套、塑膠手套、工作手套。

6 用裝進容器裡的煤油清洗毛刷，之後使用刮鏟除去掉毛等。裝漆的容器和裝煤油的容器要事先用布擦過。

塗漆、乾燥

7 把漆倒進容器，加入跟漆相同分量的松節油混合。如果是用抹刀塗漆，就要減少松節油的量。

8 首先塗抹正面。用毛刷上漆。上漆後要等數分鐘讓漆滲入胎體。用布擦掉多餘的漆後再塗抹背面。（註：照片中的竹盤是塗第二遍。）

製作要點

設定乾燥室的溼度極為重要

一 雖然只是塑膠容器，卻可以作為非常棒的乾燥室。只要提高容器內部溼氣，讓乾燥室的狀態維持在溼度70%左右，就能放進作品。

二 從塗漆到擦去的時間點（步驟9），要視狀況來對應。在溼度高的地方，漆會比較快乾。在有空調的房間裡，要讓漆有時間滲進胎體。切面對漆的吸收很快。

三 為了不要沾到漆，皮膚盡可能不要裸露在外。裸露的部位要塗抹護膚霜來保護。塗漆完畢後也不可大意，要謹慎處理使用後的手套等。事後收拾也要作確實。

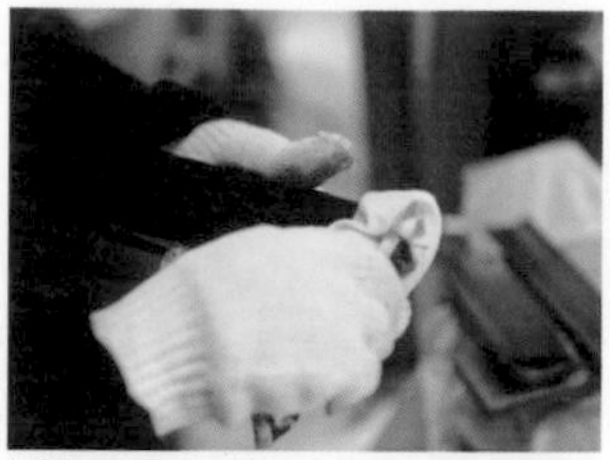

9 稍等一段時間，再仔細擦去整個竹盤的漆。

10 先將作品放在手板上再放進乾燥室（溼度上升的塑膠容器）裡，蓋上蓋子牢牢關緊。

＊要塗兩道漆的作品，第一道漆完成後要打磨一次。

第一遍塗的漆乾燥後，用砂紙（耐水＃800或是＃600）打磨，只要去掉毛屑就好。之後用擰乾的毛巾擦拭，等乾燥後塗第二遍漆。

收拾

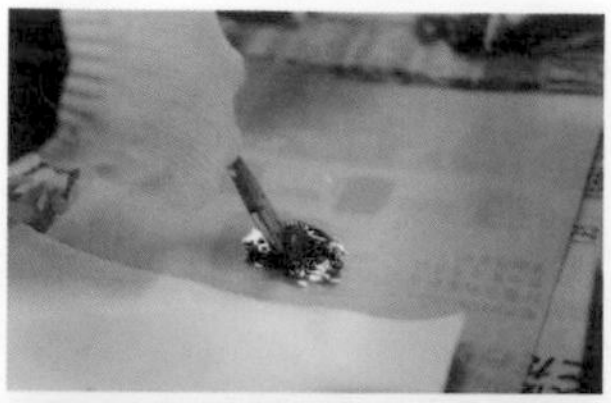

11 洗毛刷。毛刷沾煤油，放在PP板上按住，用刮鏟把漆和煤油從刷毛裡擠出來。要重複這個動作多次，直到煤油的顏色變得像是淡醬油一樣，再放在廚房紙巾上，慢慢地推出煤油多次。

12 用紙巾擦拭PP板、容器和刮鏟，然後用布擦拭乾淨。

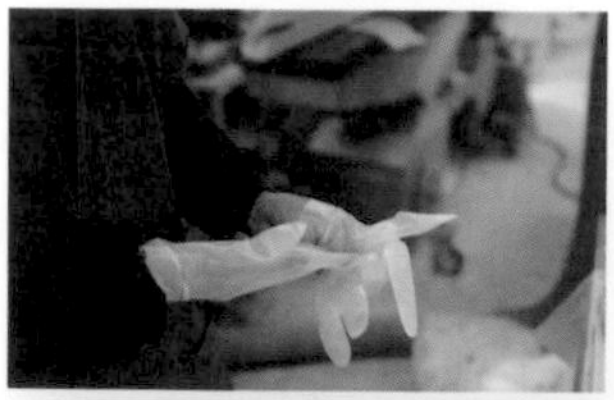

13 謹慎地脫去工作手套和塑膠手套。此時的脫法是關鍵。塑膠手套要一點一點地從前緣拉。手絕對不可以直接接觸到手套表面。使用完的手套要裝進塑膠袋裡綁起來丟掉。袖套也要慢慢脫，跟工作用手套一起放進塑膠袋裡才拿去洗衣機。

14 從乾燥室取出成品。第一道漆通常要在乾燥室待兩天，第二、三道幾個小時就會乾透（但還是要看狀況）。

完成 竹盤的背面。前方的竹盤塗了三道漆，後方兩個塗了兩道。

5

兒童器皿與湯匙

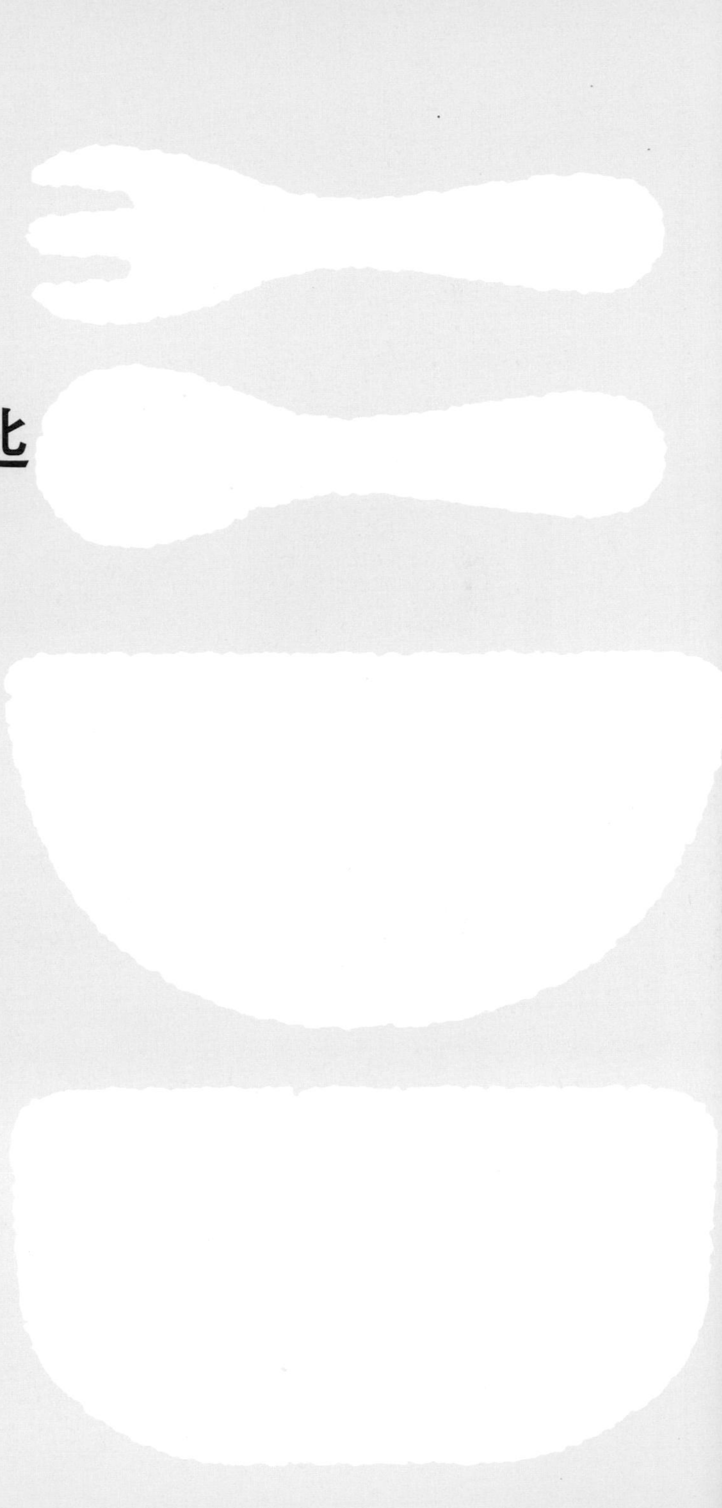

兒童器皿與湯匙

川端健夫的兒童碗
幼兒湯匙
幼兒叉子

碗的直徑為8～9公分，高4公分，湯匙長12.5公分。上油塗飾。
川端先生的長男誕生時，助產士說：「既然您是作木工的，要不要試著製作木湯匙？」這便是他開始作幼兒湯匙的契機。

前田充的小碗和幼兒湯匙

幼兒湯匙（左邊的七隻，長15公分）和兒童湯匙（右邊三隻，長為13.5公分）。材質是櫻桃木、橡木、黑核桃木。上油塗飾。
幼兒湯匙是大人餵食嬰幼兒的用品。兒童湯匙是給小孩自己用的。

小碗的材質是櫻桃木，上油塗飾，直徑9公分，高4.8公分。

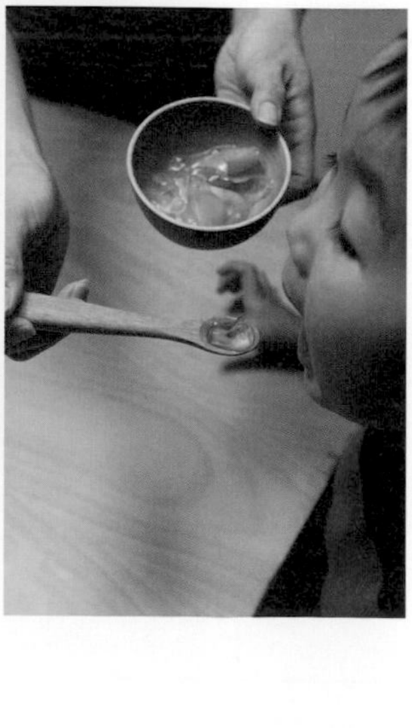

日高英夫的
幼兒副食品碗與湯匙

約20年前，日高先生的長女誕生時開始製作。每樣都是以桐油和亞麻仁油的混合油塗飾。
碗的材質是山櫻花木，碗口邊緣向外，因此拿起來不易手滑，底部的平坦部位加大以提高穩定性。直徑14公分，高3公分。孩子長大後還可以改為裝優格等食品的器皿，非常好用。湯匙與叉子是山櫻花木，長13.2公分。

由於使用者是孩子，為求安全，叉子的尖端在剛製作時是磨圓的，不過這樣反而無法叉起食物，因此又改良成尖一點，方便孩子們使用。

點心馬克杯

by 戶田直美

讓孩子們用來吃優格，或是在點心時間放零食。容量不大，所以也可以拿來裝湯或當茶杯。

這是設計師・木工作家戶田直美小姐（P114）為了上托兒所的女兒所作。

點心馬克杯，杯口直徑9.3公分，高4.5公分。

材料：

核桃木（這次使用的是13.5×9.5×厚4.5公分。差不多這個大小，易於入手的木料就行。）
皮繩
小樹枝（或是邊角料）

工具：

作業臺
F型夾
橡膠鎚
圓鑿
翹頭圓鑿
雕刻刀
小刀
電鑽（5公釐鑽頭）
角尺（或是直尺）
小鉋
墊木（木片）
圓規
雙面膠
鉛筆
橡皮擦
止滑墊
砂紙（＃150）
核桃油
碎布

用鉛筆在木料上畫線

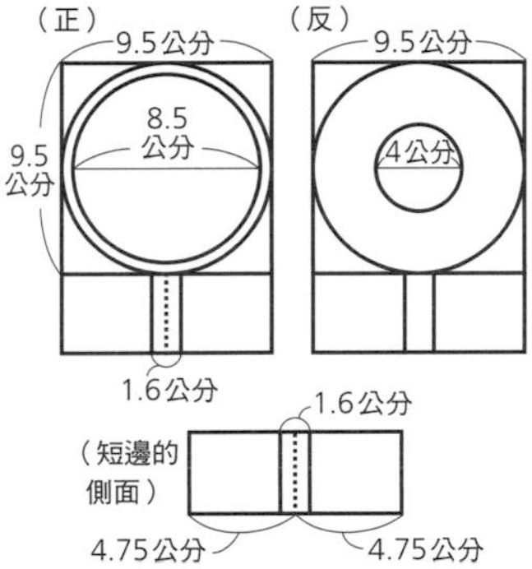

1 在木料的長邊量出9.5公分。畫出正方形的對角線來得到中心。把手的部分留1.6公分寬。

2 用圓規畫出直徑9.5公分的圓和直徑8.5公分的圓。

3 木料背面同樣畫出對角線得到中心位置，畫一個直徑4公分的圓。側面也要在9.5公分處畫線，以及把手寬度1.6公分的線。

鑿削木料

4 把木料放在作業臺上，用F型夾固定。用鎚子敲擊圓鑿，沿著木紋鑿刻。一開始就要傾斜鑿子，中央部位全都要鑿過。感覺遇到逆紋不容易鑿的時候就先停下來，改從反方向鑿。

5 中央區鑿得差不多後，就從直徑8.5公分的圓朝內側鑿。先直鑿，再一點一點地傾斜。也要用翹頭圓鑿邊鑿邊添加圓潤度。

6 洞變深之後，就用手推翹頭圓鑿。左手指貼著鑿子，感受推鑿的感覺。

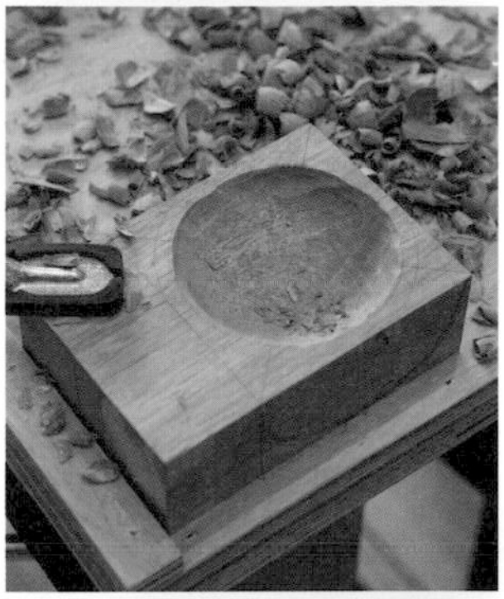

7 鑿得差不多了，要測量一下深度。只要深度達30公釐左右就可以先停下來。

鋸切木料邊角

8 為了明確所要鋸切的邊角，先用鉛筆畫線。側面也要畫。

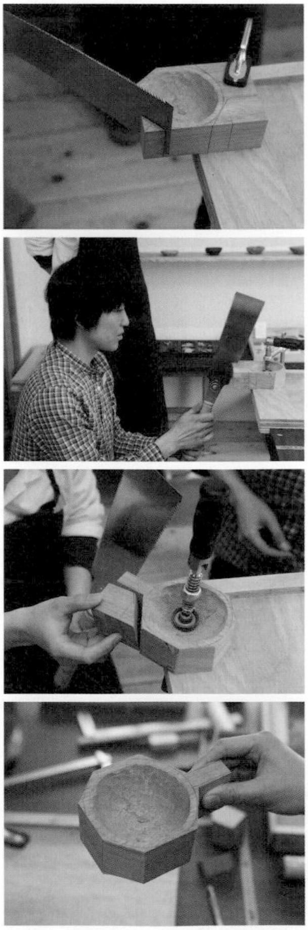

9 用F型夾固定木料。用鋸子鋸掉邊角。把手的部分先鋸正面直角，再鋸斜邊。

鑿背面

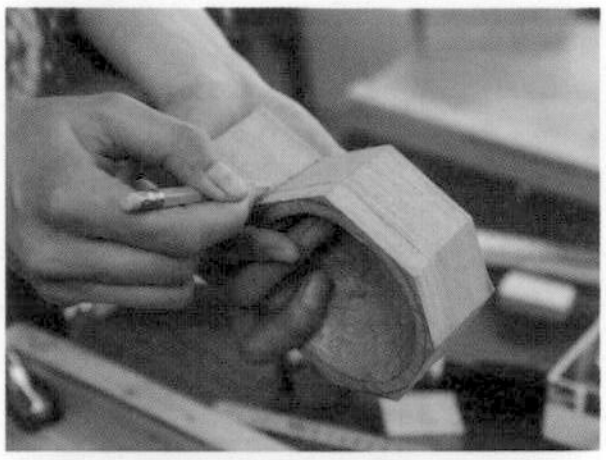

10 在距離杯口1公分處畫一條線。

11 側面到背面同樣將要削掉的地方畫斜線。

12 倒放木料用F型夾固定。拿圓鑿沿著木紋削切斜線部位。要以杯口1公分的線為界。

13 把手與杯子相連的部位，先畫上標示線後再用圓鑿削切。

14 要確認外側沒有削過頭變得太薄，需不時檢視整體。

15 在距離杯口2～3公釐處畫一條鉛筆線。以該線為界用圓鑿削切。

16 用鑿子削切成型後，改用小刀修掉器皿上的稜角線。

17 用雕刻刀和小刀將把手和杯子的連接部位修圓。

18 用小刀輕輕削整個把手。

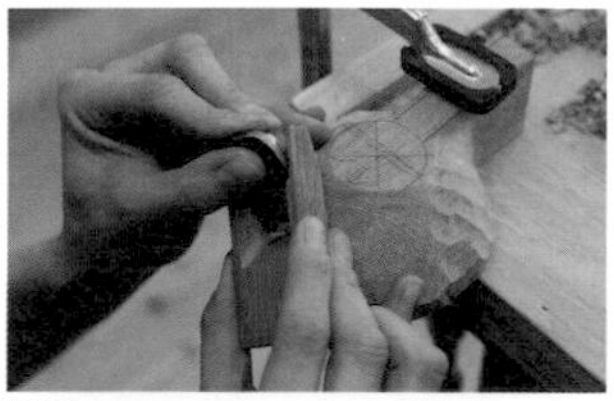

19 要是有小鉋，就用來削外側。

修飾胎體

20 削完外側後，開始精修內側。在距離內側邊緣3公釐處畫線，以此線為基準，用翹頭圓鑿削切內側。

21 將把手鋸切成適當的長度。

製作要點

把手與杯子連接處的加工好壞，決定了整體的型態。

一 不用在意細微處，不過整體的平衡很重要，所以作業期間要經常審視杯子整體。

二 把外側修整圓潤。要想著圓潤感並沿著木料來動刀。小刀的刀頭要像往上捲起般輕提，整平整個外側。

三 把手和杯子連接部位的加工是最大的重點。想像是要在圓形器皿上插進四角形的板子，好好修整弧形杯身處。

四 杯子邊緣的厚度要盡可能一致。邊削邊弄成圓形。內側的底部坑坑洞洞也無所謂。

22 用小刀修圓整體，調整整體的平衡感。

23 用＃150砂紙打磨整體。用砂紙包住墊木，將雙面膠夾在砂紙和墊木之間，然後將成品的表面、背面都磨平。

打孔、塗油

24 決定好穿繩位置後，作上記號，用電鑽鑽洞。電鑽要筆直地從上往下鑽。

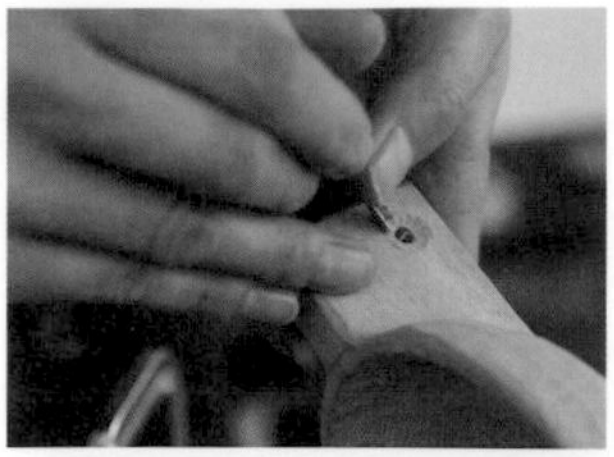

25 用鉛筆沿吊孔周圍畫個圓圈，然後用雕刻刀削切，讓吊孔呈自然凹下狀。至此就算完成胎體。

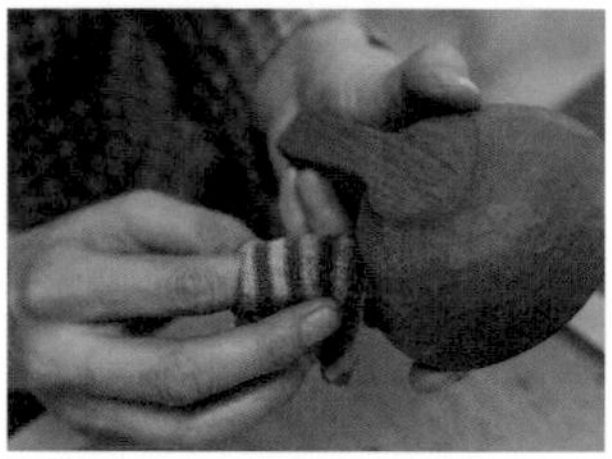

26 用碎布擦掉木屑，然後塗上核桃油。

完成 將皮繩穿過孔洞和小樹枝（也要先開洞），就算完成了。

把手可以配合喜好作成想要的造型。照片中是用多種木料製成的「點心馬克杯」。

6

盆、托盤

森口信一（Moriguchi Shinichi）
1952年生於北海道。在京都市立藝術大學美術學院雕刻系學習木雕。畢業後曾參與過桂離宮「昭和大修理」等修復工作。1982年開始木工作家的獨立創作。2000年開始研究、製作我谷盆。

強而有力的鑿刀雕痕
和栗樹木紋相得益彰

森口信一的我谷盆
Moriguchi Shinichi

我谷盆。栗木材質，34.5 ×16×3.5公分。最後塗飾是先浸泡在木灰溶液裡，再塗上特製的栗澀。

一點一點地移動、接近筆直的鑿痕整齊地排列。手作痕跡和栗樹的木紋交織，在樸素之中帶著莫名的衝擊。

　我谷盆誕生於石川縣「山中溫泉」附近名叫「我谷」（wagatani）的村莊，因此命名為「我谷盆」。1965年，大聖寺川上游的我谷水壩完工，我谷村因此沉沒水底，村民移居到各處，製作我谷盆的工匠也幾乎都不在了。我谷盆曾被木漆工藝家黑田辰秋（人間國寶，1904～1982）盛讚為「天衣無縫的作品」。

　森口信一先生一頭栽進我谷盆的契機，在於製作留下鑿痕的木雕盆。森口先生曾師從黑田辰秋的長男黑田乾吉（1934～1998）學習塗漆技法。師父過世後沒多久，他就拿著木雕盆去拜訪乾吉的太太。看到這個器皿的夫人說：「好像我谷盆呢。」於是森口先生就開始在意起我谷盆，不但蒐集資料，還和相關人士見面討論作了各種研究。當然也作了幾個盆。直到現在，在我谷盆的研究者與製作者中，森口先生都是第一把交椅。

森口先生收藏的我谷盆古物，推測是一百年前於我谷村製作的。以煙燻形成良好色調。原為黑田辰秋所有。

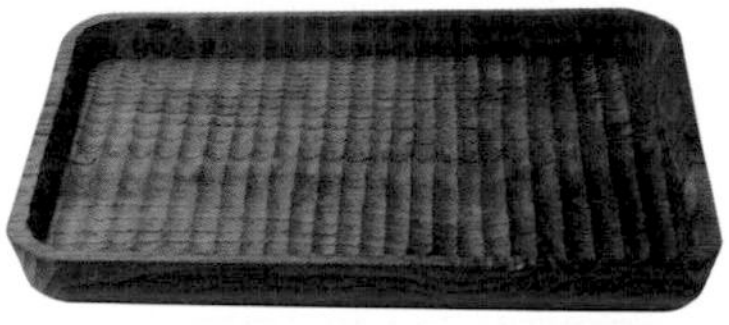

我谷盆。33×23×3公分。

我谷盆。30.5×23×6.5公分。

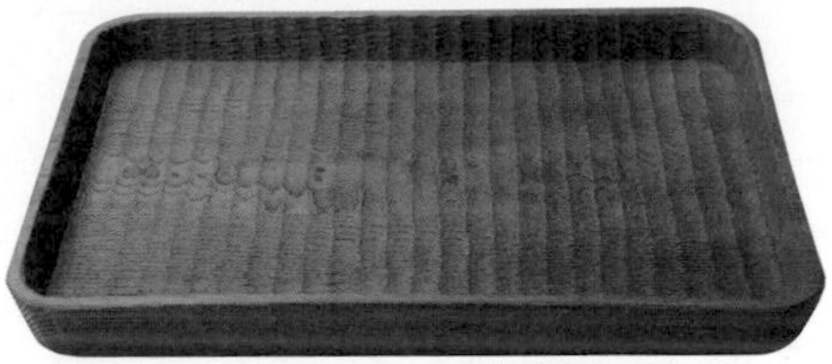

我谷盆。43×29×4公分。

「我谷盆是自由度很高的創作，並沒有什麼嚴厲的規範或約定俗成。形狀和大小是配合木料製作，但是看過木料後，鑿痕要多寬，那是自己的思考與創作。怎麼研究都不會膩。因為個人作法不同，所以才知道何謂自由的產物。」

森口先生所說的「自由」，其實也需要兼備好幾樣要件才能稱得上是我谷盆。只不過現在也存在著不符合所有要件的盆，或許這就是我谷盆的自由性吧。

首先是只使用單一木料。木料種類幾乎都是栗樹。可能因為我谷村周邊長了很多栗樹，而且栗樹也很好切割。森口先生也是按照古法，用柴刀剖開栗樹原木開始作起。「以前的人會切出木料好的地方拿來作屋頂，剩下的就拿來作盆。」

第二點就是手雕木器。雖然我谷盆的產地接近以旋切法製作木器的「山中」，卻不用木旋車床削切木器，也不作拼接。盆底和盆壁內外都有圓鑿的鑿痕，形狀幾乎都是長方形或正方形。

「塗飾方法也是形形色色，

正在鑿削栗樹木料的森口先生。

此時的開裂型態會因木料形狀而有所不同，因此完成的我谷盆每次大小都不同。這也是我谷盆的特點。

我谷村是用柴刀劈開栗樹，森口先生以前也用這種作法，不過現在改用方便作業的打石鎚和劈石器。

用打石鎚將劈石器打進栗樹裡，使之開裂。

有拭漆，也有茶漆，或是保持原木樣的，也有用煙燻的盆。山村家庭主要是圍繞著地爐生活，我谷盆可以說是從這種生活型態中誕生的盆。」

森口先生的塗飾方法非常獨特，先將木胎浸泡在木灰溶液裡，然後再塗上自己調配的特製栗澀，於是成就了沉穩的枯槁色澤。森口我谷盆的澀漆成分，在此且容保密。

從江戶時代的村民日常走到現代生活，我谷盆依然是人們普遍適用的實用器皿。用它端茶和點心招待客人，應該能讓人感到一種安穩與熨貼吧。

佃真吾的我谷盆

最近有好些人都在製作我谷盆，住在京都的木工作家佃真吾先生也是其中一員。在此介紹繼承了我谷盆向來的造型，卻又有佃先生風格的幾樣作品。

我谷盆的深盆（亂盆）

材質為栗木。27×17×高7公分。仿自「我谷的香菸盆（莨盆）」。塗飾法是以硬椪木（夜叉五倍子）的果實熬煮過後塗兩道。

佃先生風格的我谷盆

材質為栗木。大的33×33公分，小的24×24公分。刻意淺雕，營造出京都風。洗練的姿態，看起來就是「會在現代使用」的用品，表現出佃先生的獨創性。

盛盤（與我谷盆不同）
材質是栗木，塗上熬煮過的硬檡木果實溶液。25.5 ×20.5×高5公分。

我谷盆
原始的我谷盆造型，材質為栗木，以拭漆塗飾。30×20×高3公分。

 攝影協力：夏椿（須田二郎、佃真吾）

我谷盆

by **森口信一**

我谷盆擁有良好的手感與樸實造型。只要花時間仔細鑿雕，就算是初學者也能作出獨創的我谷盆。這次就請我谷盆的第一把交椅森口信一先生（P102）指導大家一起挑戰吧！

我谷盆。30×24×高2.5公分。

材料：

栗木（這次使用30× 24.5×2.5公分，差不多這個大小的木料就可以。）

＊太過乾燥的木料需先泡水一天，會變得比較容易鑿削。

＊請選擇長邊有直木紋的木料較佳。

工具：

鉋刀
木鎚
橡膠鎚
圓鑿（刃長6分）
平鑿（刃長1寸2分）
平鑿（刃長8分）
鉛筆
原子筆
導突鋸
角尺
F型夾
角材

＊這次要將角材用F型夾固定在工作桌上充當作業臺。將栗木抵著角材，再用鑿刀雕鑿。當然也可以使用作業臺。

製作方法

在木料上畫線

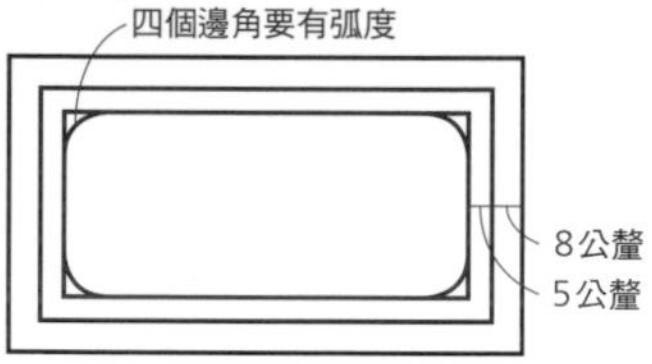

1 在木料正面直接畫出基準線（無法徒手畫直線的人請用尺輔助）。距離木料邊緣約8公釐處畫線，再往內約5公釐處畫線，四個邊角要畫出弧線。

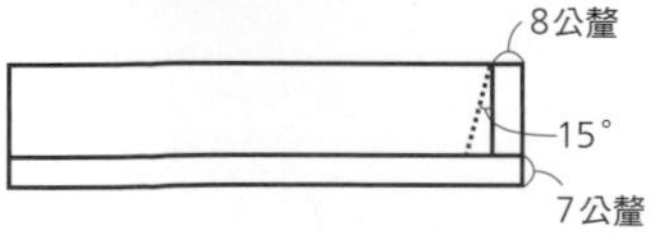

2 側面要在距離底部7～8公釐處畫線。在距離長邊8公釐處畫出15度角的斜線。

鑿削內側

3 用木鎚敲擊圓鑿來鑿削。從正中央附近開始下鑿。先從短邊開始沿著木紋鑿削，暫時不削掉木花也行。

4 接著從長邊開始鑿，然後再改換至短邊繼續。輪流換邊，鑿刻到差不多的程度後，就用一口氣削落木屑的感覺敲擊鑿子。

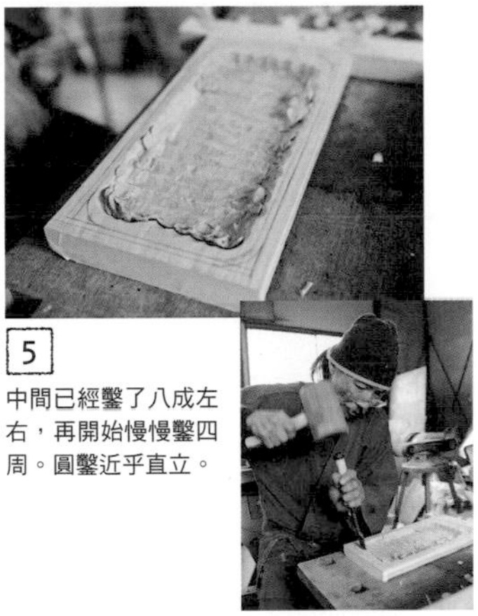

5 中間已經鑿了八成左右，再開始慢慢鑿四周。圓鑿近乎直立。

6 邊角的圓弧部分也是將圓鑿立起來鑿。

7 四邊直線則是立起平鑿，沿著內側的鉛筆線垂直鑿切。

8 中央則像是放平鑿子來鑿。

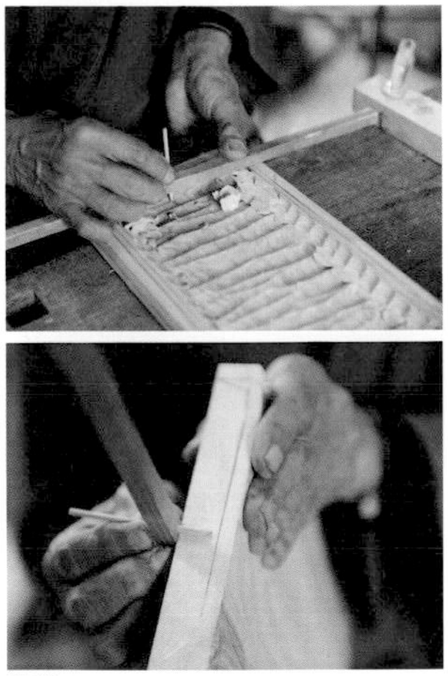

9 使用深度測量儀（把竹籤穿過開孔的棒子）來確認深度。決定好木料兩端的深度後，以此作為基準。

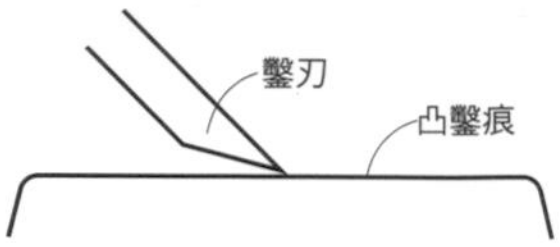

10 用平鑿將圓鑿留下的凸鑿痕整平。鑿刃要斜斜地接觸木料。

11 要不時審視整體，用手觸摸確認平衡度。

12 再度處理邊角的弧度部分。圓鑿沿著鉛筆線朝內側面下鑿。

13 圓鑿沿著短邊的直線鑿切。

14 底部與短邊內側的交接處，用平鑿鑿切整齊。

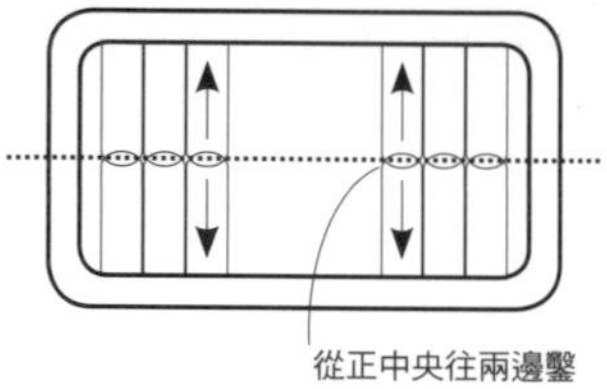

15 與短邊平行，以圓鑿向兩邊鑿切盆底。從盆底的正中央朝長邊鑿去。鑿出幾條鑿痕後，換到反方向來鑿。

製作要點

大致目測即可，不過要確實確認底板的厚度。

一　材質以剛砍下的原木木料最理想。若是已經乾燥過的木料，先泡水會比較好下鑿。

二　尺寸以目測大概的感覺即可。我谷盆是自由度較高的品項，唯有雕鑿的深度和底板的厚度要時時確認。

三　鑿刃的用法要靈活，盆緣要垂直下鑿。敲鑿的時候，剛開始需要較大力度時用木鎚，快完工時改用橡膠鎚。

四　要不時清除木屑。木屑若是被壓在木料底下會會成為楔入胎體的破口，導致底部破裂。

16 從短邊兩側開始鑿，離中央還有些距離時先停下來，檢查看看還可以鑿幾條鑿痕，例如要鑿三條或四條。請以目測來判斷要鑿細一點或粗一點。

17 鑿完底面後，配合底部鑿痕開始鑿長邊的內側邊緣。

18 要將底面和內側面的交接處修整齊。圓鑿要有從底面略為鑿進內側面的感覺。木料掀起來的部分就用圓鑿從上方鑿掉。

內側完成了。

鑿外側

19 把木料翻到背面，用平鑿削去外側底部的邊角周遭。

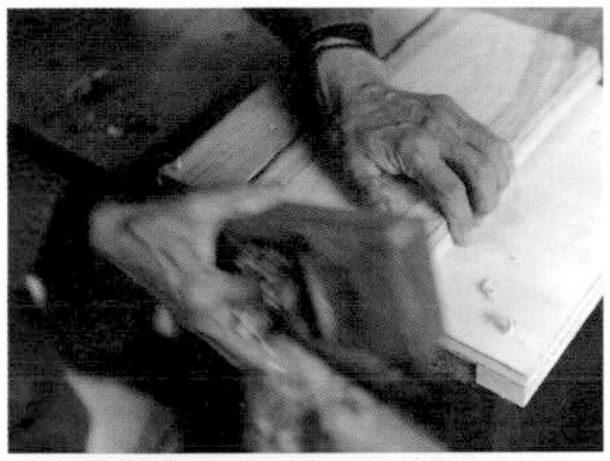

20 用鉋刀把短邊的切面削出斜度。用直角定規（或角尺）測量角度。

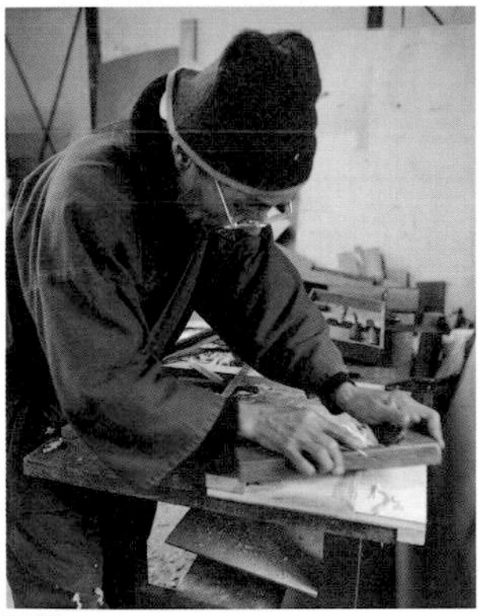

21 底部輕輕用鉋刀刨過。

完成　不用任何塗飾也可以直接使用，亦可塗柿漆或漆。

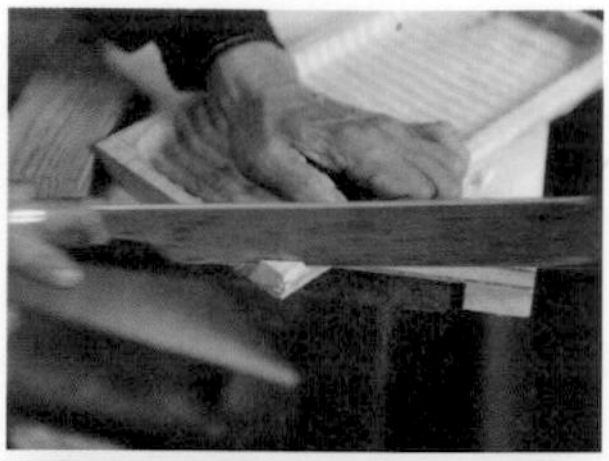

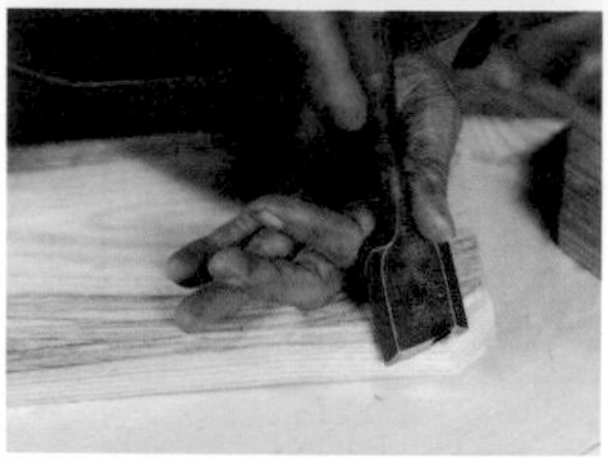

22　用鋸子鋸去四個邊角，然後用平鑿修圓。

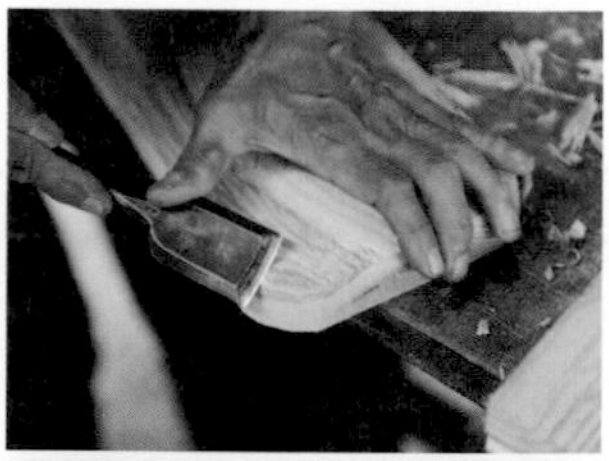

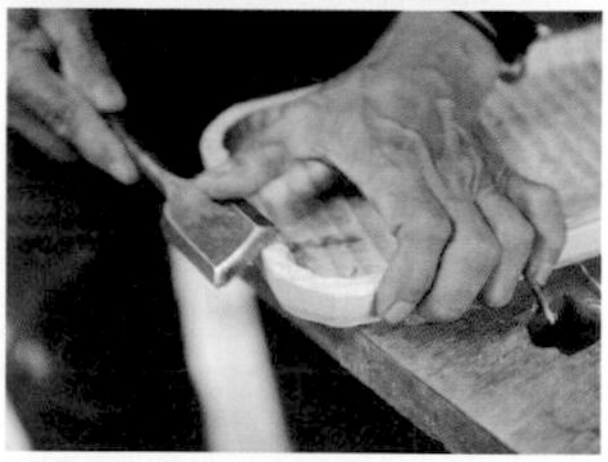

23　用平鑿將背面的邊角、正面的邊緣都修圓。

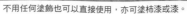

盆與托盤

芦田貞晴的四角盆

材質是楓木（前面）和櫻花木。
上油塗飾。27×15公分。

瀨戶晉的圓盆

直徑24公分。材質有榆樹和刺楸等。

大門和真的角tray

30×30×厚2公分。黑核桃木。四個邊角用楓木鑲榫是吸睛亮點。

大門巖的六角托盤

以橡木為基底，用了黑檀、衛矛、紫檀等六種木料來鑲嵌（邊緣部分）。單邊邊長19.5公分。

與四角形托盤成套的點心馬克杯、小碟子、湯匙。

戶田直美（Toda Naomi）
1976年生於兵庫縣。於京都市立藝術大學美術學院工藝系主修漆工（木工學科），畢業進入同校研究所，修畢後跟隨漆藝家具的木工工匠學習。2001年設立potitek工房。

靈活運用彎曲的橡木板

戶田直美的「四角形托盤」

Toda Naomi

「製作器皿和湯匙的時候很快樂，跟製作家具有點不太一樣，是無須費盡心思、可以放鬆的感覺。」

戶田直美小姐大多經手咖啡廳等店鋪的家具設計以及製作，有空檔的時候，也會作托盤或碟子等。其夫上田太一郎先生經營的酒吧二樓，開設了戶田小姐的體驗教室，參加者多是與戶田小姐同齡的女性。結束製作湯匙等課程後的茶點時間，簡直就是接著開女子會。

「製作茶會用品或與食器相關的體驗教室特別受歡迎，有時也會從喜好料理的人那兒得到具體意見，非常有參考價值。作出這種小盤，就有人開始提議可以在這樣的小空間盛放什麼，大家七嘴八舌給各種意見，好不熱鬧。」

「四角形托盤」帶著一種輕鬆的感覺，就像先前戶田小姐所說的，用不著太過拚命，而是放鬆力道製作出來。

「我試著製作一個不會太死板的盤子，可以用在悠閒的立食派對中，也很適合拿來放茶杯。」

材料是當年念書時購買的橡木板材，由於太窄所以無法用來作家具，但還是一直收藏著。過了十幾年，木料已經有點翹曲，反而帶出了獨特的風格。裁切成約20×15公分的大小，然後讓四邊的側面都有點傾斜。雖然簡單，卻如實表現出戶田小姐良好的感性。

體驗教室上完課後，就是開心的聊天茶會時光。右邊是戶田小姐及其長女雙葉。

四角形托盤也能拿來當蛋糕盤。

小碟子。材質有黑核桃木、欅木、七葉樹等。

手拿四角形托盤的戶田小姐。

四角形托盤

by 戸田直美

活用木料風格的小托盤，可以用來放茶杯或碟子，也能直接盛裝點心或菜餚，可說是萬用器皿。不用拘泥於尺寸或削切痕跡，豪邁地完成即可。

負責指導的戸田直美小姐，定期在京都開辦以女性為主的體驗教室。

材料：
橡木
（18 ×14.5×1公分）
＊這次使用有點翹曲的舊橡木木料。

工具：
作業臺
F型夾
鉋刀 小鉋
墊木（木片）
角尺（或是直尺）
鉛筆
橡皮擦
止滑墊
砂紙（＃150、＃240）

製作方法

1 在板子的側面用鉛筆畫線。將鉛筆平貼作業臺畫線，就能剛好畫在距離底部3～4公釐的地方。

2 在板子的背面，用鉛筆在距離邊緣15公釐處畫線。

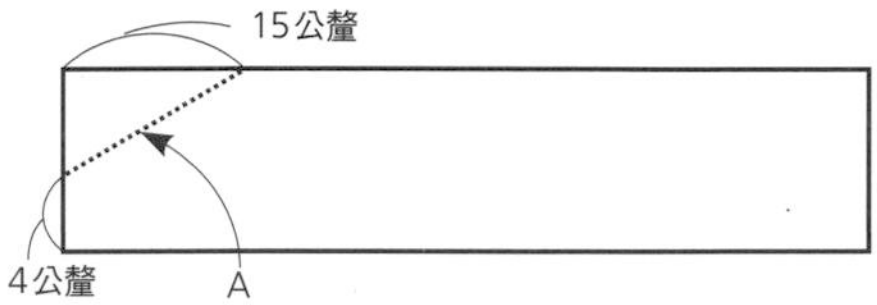

3 用F型夾固定放在作業臺上的板子（板子底下鋪止滑墊就好）。用鉋刀在15公釐線與側面4公釐線之間削出斜面（A）。要注意不可以削到超過4公釐線以下。先從長邊開始削。

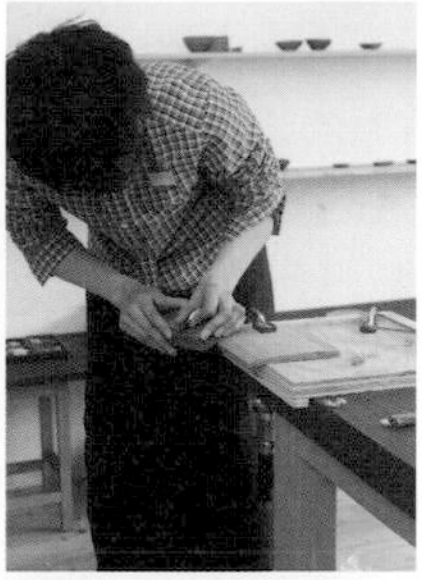

使用翹曲木料，倒置時要在板子與作業臺的空隙之間插入薄墊木，再用F型夾固定，以免板子破裂。

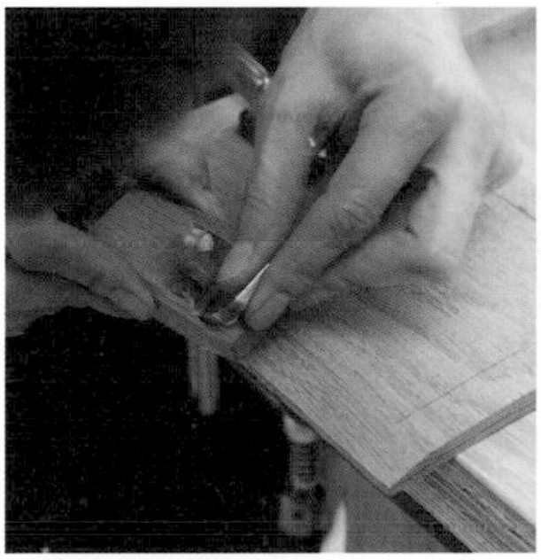

4 削得差不多後，改用小鉋，邊審視平衡感邊削。

5 削完長邊換短邊。鉋刀斜拿，直接從前方拉回來。小鉋的運用也跟削長邊時一樣。要是感覺削到了逆紋，就轉一下板子從反方向來削。

刨削完成的狀態。

製作要點

不要拘泥細節，豪邁地放手去作就對了！

一　不要太過小心翼翼。因為是活用舊木料的優點，所以只要抱著輕鬆的心情稍加刨削就好。

二　雖說豪邁地去作，但側邊的垂直面（最後約3公釐寬）整齊均勻，完成度也比較高。

三　側面用鉋刀斜削的時候不要一口氣猛然削過去，而是要從兩端一點一點地削。

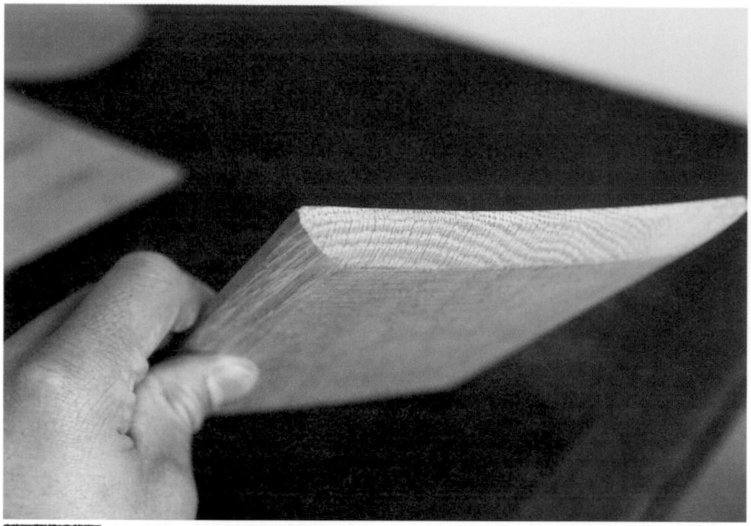

完成 不用塗飾，維持素材狀態即可。
＊若是要盛裝較油的食品，就先墊張餐巾紙，或者也可以塗抹核桃油來作最後塗飾。

6 用包住墊木的＃150砂紙打磨削過的痕跡。從四個邊角的斜線和底部交錯的頂點附近開始磨。磨到感覺剛好對齊4公釐線就行。之後就是把所有線條都磨圓。

7 用＃240砂紙將整體的削切感修整平均，粗略拋光就能作出帥氣作品。

7

杯子、單嘴缽
木瓶塞、鍋墊等

為了在山上喝到美味咖啡 粗獷地用柴薪削製而成

三浦孝之的馬克杯

Miura Takayuki

三浦孝之（Miura Takayuki）

1977年生於北海道。北海道大學研究所農學院畜產學科博士課程修畢。在擔任都內農學科大學講師的同時，也孜孜不倦地製作木製器皿或馬克杯等。與妻子潤女士（陶藝師）的共同作品，入圍了第51屆日本手工藝品展。其商店名為Hanamame。

留下豪邁鑿痕的野性馬克杯。「想要在戶外暢快地享受美味的咖啡或酒。」這個念頭就是製作木杯的契機。掛在背包後面走在山路上，感覺會被人稱讚「好可愛的杯子喔」。

「我特意讓外型看起來有點可愛，但故意不作既定的形式。感覺就是配合木料的紋路來製作。」

一邊劈著要丟進暖爐的柴薪，一邊相信心裡的直覺挑選適用的木料，可以是栗木、樟木、櫻花木、核桃木等，也可以是雜木林砍來的樹或是倒樹。由木料本身的素質來決定形狀和大小，因此不會有相同形狀的杯子。

三浦孝之先生同時也是研究食品的大學講師，是身兼二職的「木雕馬克杯作家」。就算很晚才從大學下班，回到家後還是會雕刻、刨削木料。製成的作品會拿去參加手工藝品展或手作市集，以確認客人的反應如何。

在札幌郊外出生長大的三浦

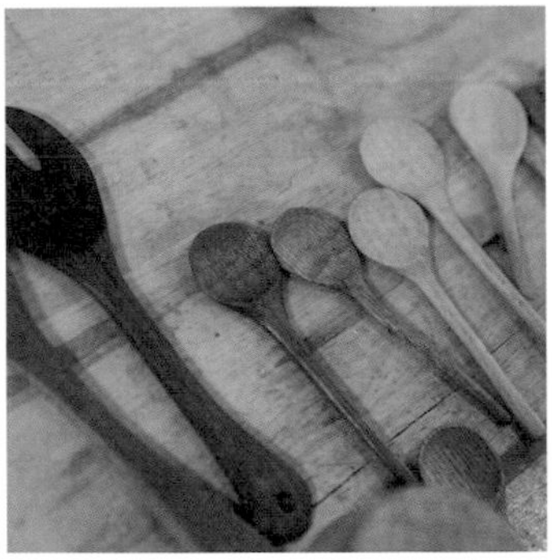

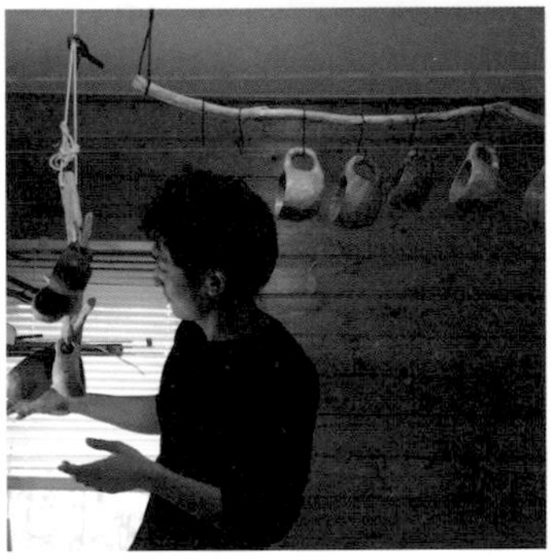

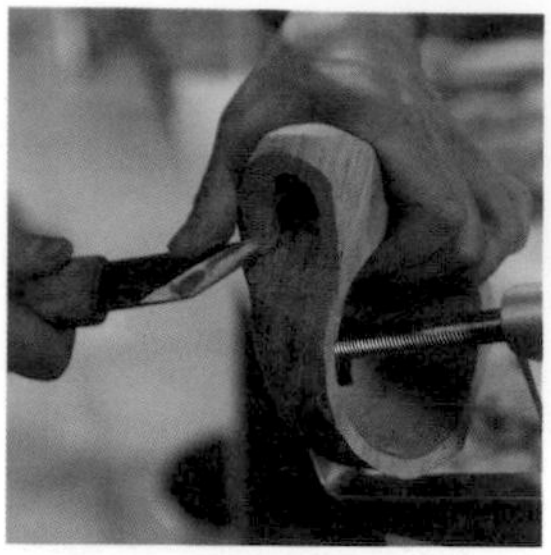

削製把手是很費工夫的事。

糖罐。小的是調味料罐。陶器的部分由妻子潤女士負責，孝之先生負責作木蓋子。

杯子中間先用電鑽開幾個洞。

三浦先生自己組裝的製杯用治具。

用樟木作的馬克杯。愈使用愈不會去在意樟樹的氣味，而且很輕。

住家周圍堆了滿滿的柴薪。

先生，由於父親喜歡山，因此他也經常去爬山。在這種環境下成長的他，搬離札幌時就決定，到了東京要住在可以看到山的高尾（八王子市）。使用大量木料興建自宅的時候，廚房流理臺和家具全都是自己製造，連柴薪暖爐都有。

「用斧頭剖開新鮮木材時會有水花噴濺，從中可以感受到木頭是一種生命體。我被樹木轉變為素材的過程吸引，對木頭愈來愈有興趣，所以才認真地想作作看木工。因為我在研究食品，就想作木製器皿試試。」

雖然也有作器皿和湯匙，但就如先前所說，因為想喝美味咖啡和酒而作了馬克杯，不知不覺就投入其中。剛開始他是先畫出漂亮的圓形，作出形狀好看的馬克杯，不過有一次認識的木工作家給了意見：「形狀不規則的也不錯啊。」後來去了對方家，對方用普普通通的板子盛著披薩招待他，當下他就覺得這種感覺不錯。器皿就該是這樣子，用不著被既定的概念束縛。

「自然、不死板的感覺，形狀也可以看出有自己的風格。這種感覺很難說明，不過就是朝擁有會開心、可以帶給人舒適感的方向努力。」

居住在芬蘭北部的薩米人所使用的木杯叫作KUKSA，雖然不時也有客人會說三浦先生製作的杯子很像KUKSA，不過這單純是憑著三浦先生的感性所作出來的原創馬克杯。

背著愛犬Annko製作馬克杯。沒有背著體重12公斤的Annko，鑿子好像就不太有力。

孝之先生（右）和潤小姐（左）在客廳享用咖啡。

馬克杯第一號作品。現在仍是孝之先生的愛用品。

尚在試作的雙提把馬克杯。材質為核桃木，內徑為12.5公分。

典雅貼心的
小東西

古橋治人的木瓶塞
Furuhashi Haruto

玻璃瓶的木塞，以亞麻仁油塗飾，有各種形狀。許多人會用玻璃瓶盛裝調味醬汁或食用油，有刻度的瓶子因為可以計算使用量所以非常實用。

古橋治人（Furuhashi Haruto）
1972年生於茨城縣。日本大學理工學院建築學系畢業。任職於設計事務所，後在品川高等職業技術專門校木工科學習木工。30歲開始獨立製作家具。有段時間工房位在栃木線益子町，目前工房設在茨城縣筑西市的老家。

有葫蘆形的瓶子，也有小水瓶，每個都是玻璃製品，但瓶口卻都有剛剛好吻合的木塞。仔細看，造型還全都不一樣。

「圓木棒是用車床製作，再配合瓶口來切削。我邊削邊思考要怎麼作，所以最後蓋子的形狀都不同。」

古橋治人會開始製作瓶蓋和瓶塞，是因為某次手工藝品展和陶藝家合作。木製的陶器蓋子大受好評，於是有人委託他製作玻璃器皿甚至藤籃的蓋子。

現在，古橋先生會到玻璃製品倉庫挑選喜歡的玻璃瓶，然後一一製作符合這些瓶子的木塞。

古橋先生的職涯是從建築設計開始的，之後才開始製作家具，現在工作重心則轉移到木製小物上。

「我認為小東西比較符合我的規模。能夠一手掌握的範圍很棒，製作的速度感也剛剛好。」

喜歡小物的古橋先生，大學時就經常逛古董市場。不只是木工品，對陶瓷、金屬工藝品等各領域他都有興趣。正因為有這樣的素養，才能作出完美融入陶器

罐子、蕎麥麵沾醬杯、湯碗、茶匙等。櫸木製，以拭漆塗飾。前面的碗直徑是11公分，高6公分。

圓柱形玻璃容器的蓋子。可以用來裝砂糖、鹽巴、乾果等。

工作中的古橋先生。店名「manufact jam」，結合了「manufactory製造地」與「即興演奏jam」這兩個單字。

針插。材質是扁柏和水曲柳。軟墊部分由身為織物作家的妻子真理子小姐所作。

與玻璃的木製品。前幾年住在陶瓷產地益子町，與那時候認識的陶藝家互動形成了良好刺激。

古橋先生用車床製造的小物品，總是讓人感覺典雅又貼心。塞子、蓋子、水壺、小容器、針插……都是日常生活中會讓人慶幸有這些東西真好的物品。

鍋墊

by 山極博史

用橡皮繩連接木料製成的鍋墊。由於材料並不是死板地固定住，因此就算放置場所不平坦也能使用。示範材料是櫻桃木，不過也可以組合不同顏色的木料，作出五彩繽紛的鍋墊。

在此請「うたたね」的代表山極博史先生（P18），以店裡販售的鍋墊為樣本，指導大家製作。

製作方法

切割木料，開孔

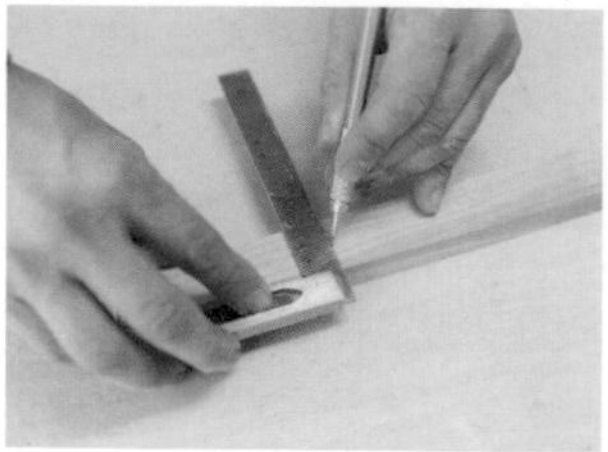

1 在長度60公分的木料上每隔12公分畫一條線，正面、側面都要畫。

2 用鋸子沿著線條切斷，得到5根12公分長的木料。初學者可以先用美工刀在線條上作出切痕，這樣比較容易鋸。

鍋墊。組合了黑核桃木和楓木。不過在此製作示範只使用櫻桃木。

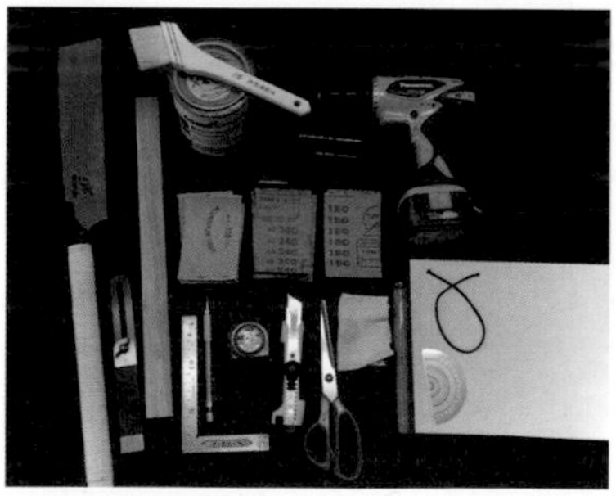

材料：
櫻桃木
（60×3×1.5公分）
橡皮繩

工具：
鋸子
錐子
電鑽（5公釐鑽頭、2～3公釐鑽頭）
自由角尺
量角器
直角規（或是三角尺）
鉛筆（或是自動筆）
捲尺
美工刀
剪刀
油（OSMO，普通透明）
毛刷
碎布
墊木（木片）
砂紙（＃180、＃240、＃320）

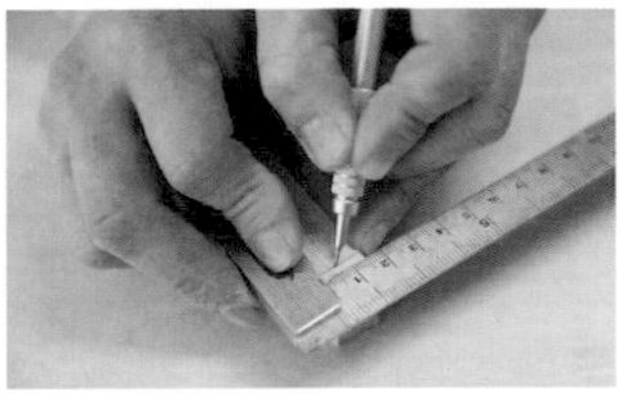

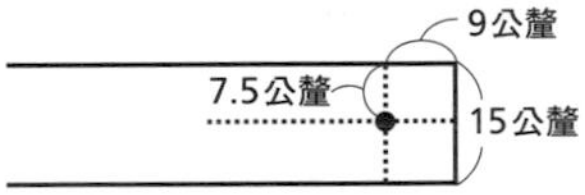

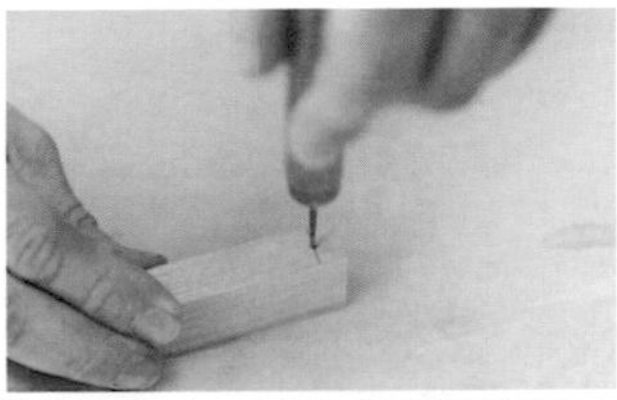

3 短邊（15公釐）的單邊用錐子鑽出記號。位置要在短邊的中間（7.5公釐），且距離切面9公釐。

4 在上述的記號處先用2～3公釐的鑽頭打出一個洞，之後再用5公釐的鑽頭把洞擴大。電鑽要從正上方直直往下鑽。

＊也可以使用自由角尺（可在居家修繕賣場購得）。用量角器將工具的角度調整至36度然後再貼在木料上畫線即可。

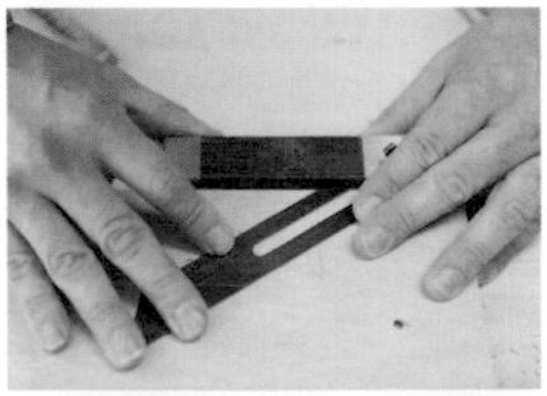

切去木料的兩個邊角

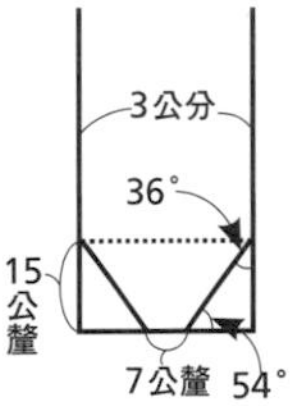

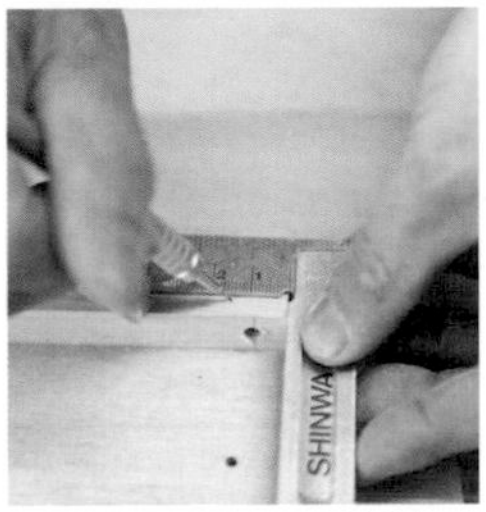

5 在五根木條畫上圖示的線條。距離洞旁邊的切口15公釐，並用量角器測得36度後畫線。
＊組合五根木條時，為了要像圓形一樣展開，開孔兩側的邊角都要按照36度裁切。因為五根木條組合起來要形成圓形，是360度÷5根÷2處＝36度。

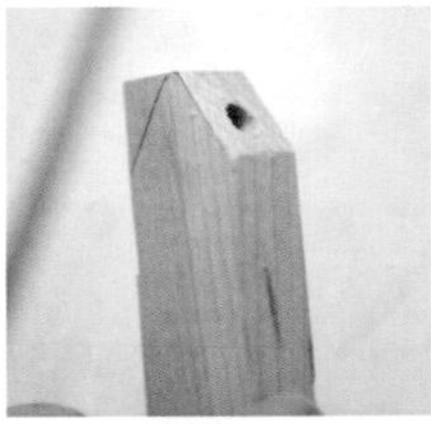

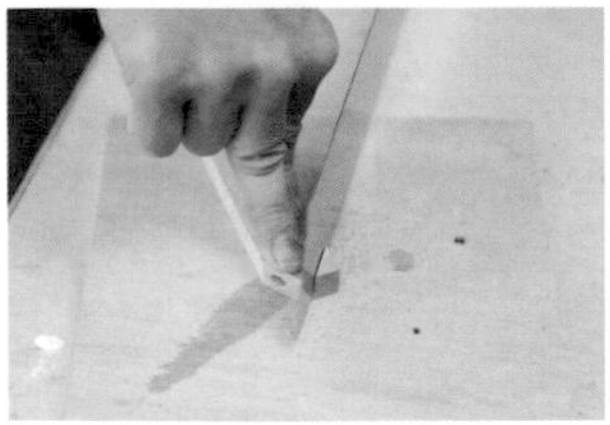

6 將木條放在板子上，鋸切成36度角。前端要留下5～7公釐的平切面。初學者最好先用美工刀作出切痕。木條背面先沾一點水會比較不容易滑動。

裁切好五根木條。

製作要點

鋸切木條開孔兩側的邊角。
切莫手忙腳亂鋸成反方向那頭。

一　不要弄錯裁切木條的角度。要組合五根木條，每根木料的邊角都要裁切成36度。若只用四根木條組合就是45度。一樣是鋸切開孔兩側的邊角。

二　木條前端要留下平坦面。這是為了讓木條組合起來後中央還有空間，可以視狀況來稍微挪動。

三　橡皮繩要綁緊，鬆了會導致木條分散。

打磨木條&上油

7 砂紙包住墊木來打磨木條。切出角度的前端部位用＃180砂紙，其他都用＃240的砂紙磨出圓潤感，最後用＃320完成拋光。

8 檢查審視木條的擺放方式與木紋的平衡。

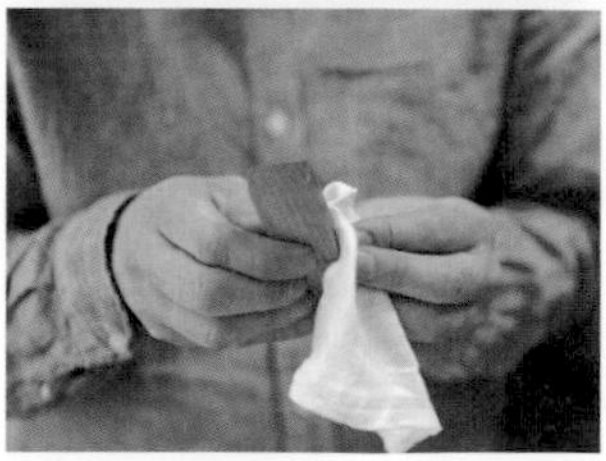

9 上油，再用布擦拭。

綁橡皮繩

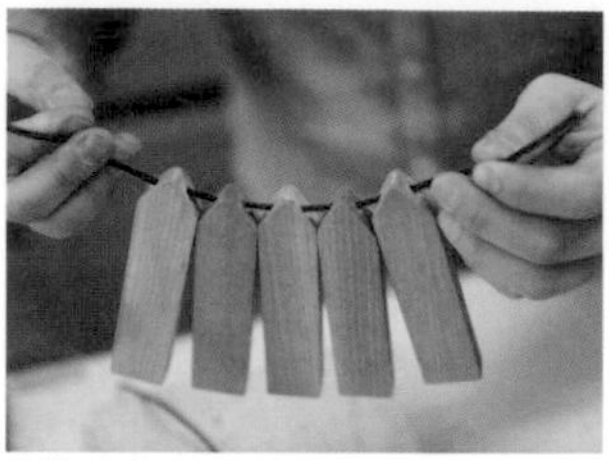

10 用30公分左右的橡皮繩穿過木條的孔洞。

11 橡皮繩穿完五根木條後要用力拉緊，綁兩次活結。

12 綁完之後剪掉多餘的橡皮繩。將活結塞進洞裡頭。

完成　五根木條用橡皮繩綁在一起，所以可以靈活柔軟地動作。就算鋪面不平整也可以使用。

單嘴缽、奶盅、蕎麥麵沾醬杯

古橋治人的奶盅

可以拿來盛裝醬油或牛奶，用途很自由。
櫸木製，以拭漆塗飾。直徑6公分，高4.5公分。

前田充的單嘴缽

上油塗飾。直徑6.5公分，高3.7公分。
材質是櫻桃木和黑核桃木。

瀨戶晉的托盤和蕎麥麵沾醬杯

沾醬杯材質為連香樹和水曲柳，純憑當時心情
以自由玩樂的感覺所作。托盤為黑核桃木製。

落合芝地的單嘴缽

以蒔地塗飾。直徑14公分，高9.5公分。

住在芬蘭北部的薩米人所使用的木杯（Kuksa）。材質是樺木。

8

花器、壺

中西洋人的花器。材質有日本常綠橡木和櫸木等。最大的花器是用電鋸來加工樟樹，瓶口直徑44公分。

活用龜裂和蟲蛀以成就藝術

中西洋人的花器

Nakanishi Hiroto

使用隔壁鄰居庭院的栗樹朽木。

中西洋人（Nakanishi Hiroto）

1984年生於愛知縣。高中畢業後在「森林たくみ塾」（岐阜縣高山市）學習木藝。2005年進入Oak Village製作家具。2008年獨立在靜岡縣函南町開設工房。2010年於東京南青山的DEE'SHALL舉辦初次個展「為花而生的木器」。2011年工房遷移至滋賀縣長濱市。

用車床加工蟲蛀木料所製成的花器。

大：楊木。中：橡木，以鐵媒染塗飾。小：栗木，以鐵媒染塗飾。左：紅楠。

極具視覺衝擊。說是花器，但不是龜裂就是被蟲蛀甚至朽壞，都有缺損的部分。儘管如此，悠然的曲線型態所醞釀出的氣氛，讓人在野性中感受到高貴。

製作者中西洋人先生，刻意用車床加工朽木或有龜裂的木塊來製成作品。

「木料色澤和形狀平衡感好，龜裂漂亮乾淨的，就能變成連我自己都滿意的容器。最好的龜裂感是『雄勁』。」

素材方面有些是購買的，有些是附近有倒樹自己去砍來的，也有園藝業者的樹木腐爛而讓給他。將之集中起來，材質就相當多樣化，樟樹、櫻花木、櫸木、柿樹、栗木、枹櫟、鐵冬青……

「我在很多地方布了眼線，所以一直有木料到手。被丟棄或將要當柴燒的木料，在我手中重獲新生的感覺很棒。要是計算年輪，甚至有樹齡百年的老樹。一想到是我的長輩，就更有珍惜使用的強烈心情。」

材質是紅楠。

兩者材質都是櫸木。上方是用不鏽鋼菜瓜布磨過，金屬的鐵成分讓木料略顯黑色。

中西先生的自家兼工房是大戰前所蓋的鋼筋建築物，曾被拿來當電話中繼站。

油茶木製的器皿，加上舊衣櫃的零件，就能掛在牆壁上。

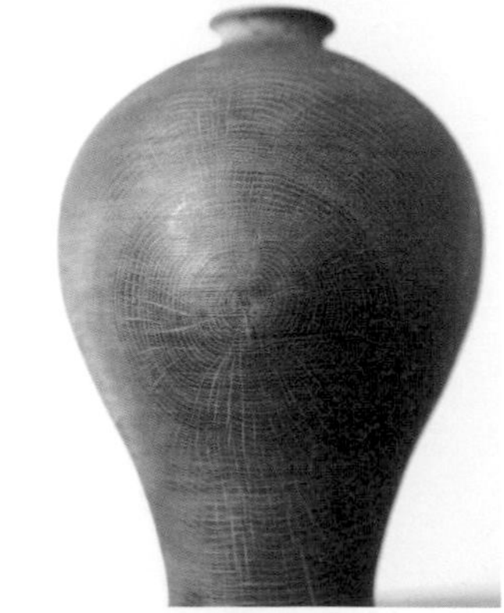

橡木製，以鐵媒染塗飾。

蒐集到的木料，會先從斷面來判斷該怎麼作，從腐爛或龜裂的方式來觀察該如何下手，思索哪些部分還擁有容器的特質。在用電鋸切割之前要先不斷想像完成品的樣子。

「我會花很長的時間觀察原木。因為一旦開始切割，就無法重來。」

與木料邂逅時的靈感很重要吧。這種感覺可說是作家與生俱來的感性。

中西先生經常參觀博物館或考古學資料館，去看彌生時期等的古代器皿。確實，中西先生的容器線條和彌生式土器有相同之處。這也難怪，因為中西先生說：「我喜歡彌生式土器那種乾燥的質感，所以就以那線條為範本，瓶口形成了優美的感覺。」中西先生真的深深為彌生式土器著迷。

更甚者，也讓人聯想到德國工藝家Ernst Gamperl（*）的作品。被譽為已達藝術與實用兼具的Gamperl作品，與中西先生的共同點就是活用木料素材來表現造型美。一開始是家具工匠，後來自學車床技術的經歷也很相像，只不過Gamperl是西方風格，中西先生的作品有日式風味。果然是因為汲取了古代日本的彌生式土器造型吧。

「不能讓人忘記素材是原木，所以我希望表現出木材的特色。因此懷抱著利用腐朽與龜裂的心情來製作。」

原本就是因為作木工很快樂才踏上這條路，如今可以說是處在「快樂創作的理想」中。看了中西先生的作品，他發自內心開心自由創作的模樣，彷彿躍然於眼前。

用車床削切樟樹的中西先生。

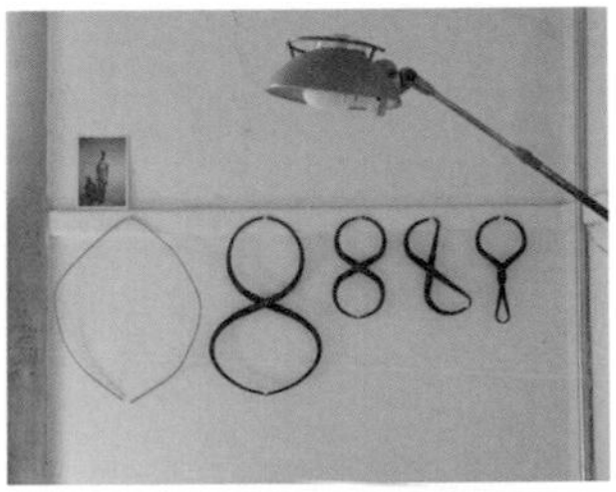
掛在牆壁上用來測量木料厚度的工具。

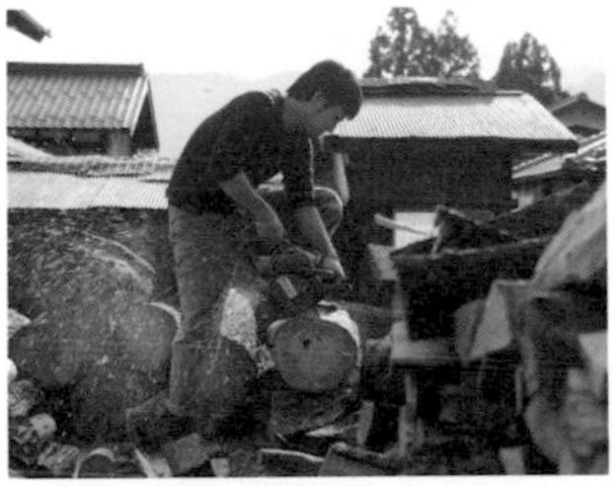
用電鋸切割樹幹。

仔細觀察原木，邊想像完成體，邊思考怎麼切成需要的木料。

＊Ernst Gamperl
1965年生於德國慕尼黑。專精於以車床加工倒樹、漂流木等的工藝家。2009年在東京六本木的「21_21 DESIGN SIGHT」與陶藝家Lucie Rie等人聯展，因極具個性的作品帶給觀眾巨大衝擊。

右：UCHITSUBO（うちつぼ）。材質有黃蘗木、神代櫸木、黑核桃木、刺楸等，高70公分。中：TANETSUBO（たねつぼ），材質是不同色的櫸木，高60公分。左：AMETSUCHITSUBO（あめつちつぼ），材質是楓木、栗木、薔薇木、神代櫸木等12種，高50公分。

組合不同樹木的色調

宮內知子的「UCHITSUBO」和「木製馬賽克盒」

Miyauchi Tomoko

宮內知子（Miyauchi Tomoko）
1972年生於東京都。武藏野美術大學短期大學部專攻科陶瓷學程修畢，後移居京都開始作木工。以自創方法製作木盒和木壺等，在公募展多次入圍獲獎。2011年於京都府南山城村開設工房。

杯墊。直徑10～10.5公分。

木製馬賽克盒。側面是模擬伸展枝枒的樹木。大：約10公分的正方形，高（含蓋子）10.5公分。小：約7公分的正方形，高8.5公分。

三重疊盒，名為ジュウバコバコバコ。

可以分門別類收納飾品等物，相當方便。

容器上散布著紅、白、黃、咖啡等繽紛的色澤，這不是塗色，而是利用各種木料本身的色彩組合而成的作品。

製作方法和傳統的拼木工藝不同，是宮內知子小姐獨創的作法。樣式圓融，洋溢著手作感。

「固定木料的時候，覺得一片平坦就太無趣了，所以就試著弄得有點歪歪扭扭的樣子。」

宮內小姐想到的方法就是「鉛筆貼合」法。將要貼合的木料單面用鉛筆塗黑，而另一邊的木料就削掉貼合時沾到黑色筆跡的部分，再把形狀弄平整（參照P140）。用這麼原始的樸素技法，產生了獨創的宮內野性作品。

專門學習木工的人，應該是不會有這種發想的吧。這是在美術大學學陶藝的宮內小姐才會有的作品。

「我喜歡木頭。大學上木工實習課的時候就覺得木頭很有趣。來到京都開始作木工時，因為完全沒有木料的相關知識，所以問了很多人作了不少功課。壺罐是陶藝經常有的作品，我就在想，不知道用木料作不作得出來……」

高70公分的「UCHITSUBO」和60公分的「TANETSUBO」，拿起來都相當沉重。這些大作品也都是用「鉛筆貼合」法一步一步慢慢製成的，完全沒有用到車床那類機械。拼合不同的木料，用鋸子切到快剛剛好的地方，最後用鑿子修飾。

一切都很獨特。從宮內小姐的手作作品可以感受到作木工的樂趣。

罐子。用同一棵樹製成，直徑6.8公分。

帶蓋容器。罐身直徑8.5公分，高4.5公分。

作成壺的垂飾。蓋子是可以打開來的，裡頭可以塞香包。

動手作作看 10

餐具立架

by 宮內知子

組合不同顏色的邊角料來製作餐具立架吧。由P138介紹的宮內知子小姐，向初學者傳授平常的製作方法。組合木料是很腳踏實地的工作，只要按部就班、一步一步地進行，就能完成很棒的作品。

餐具立架。4.2×4×高9公分。

材料：
左：水曲柳（9×4×高2公分）
右：日本厚朴（9.5×4.3×高2.6公分）
＊這次使用這兩種木料。也可以使用能夠取得、大小適當的木料。

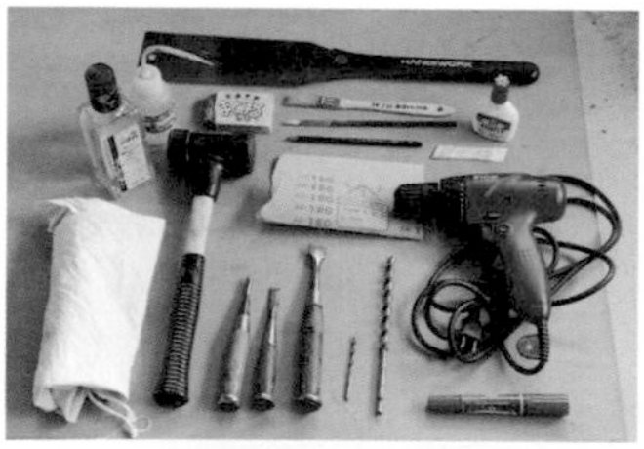

工具：
電鑽（10公釐鑽頭、4公釐鑽頭）
平鑿（刃長20公釐）
平鑿（刃長10公釐）
平鑿（刃長6公釐）
橡膠鎚（或木鎚）
鋸子 木工用白膠（速乾）
抹刀 毛刷 畫筆 鉛筆（6B左右）
橡皮擦 水 核桃油
碎布 油性麥克筆
砂紙（＃180） F型夾

製作方法

首先，雕鑿一側木料

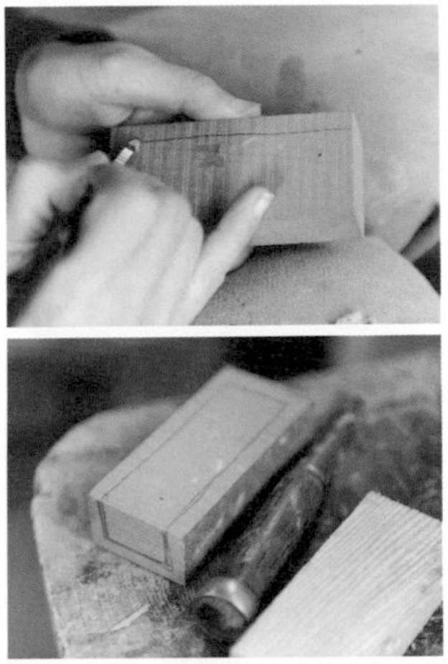

1 在一側的木料（以下稱A材）上用鉛筆畫出鑿切線。要距離邊緣約1公分。直接用手畫就行。

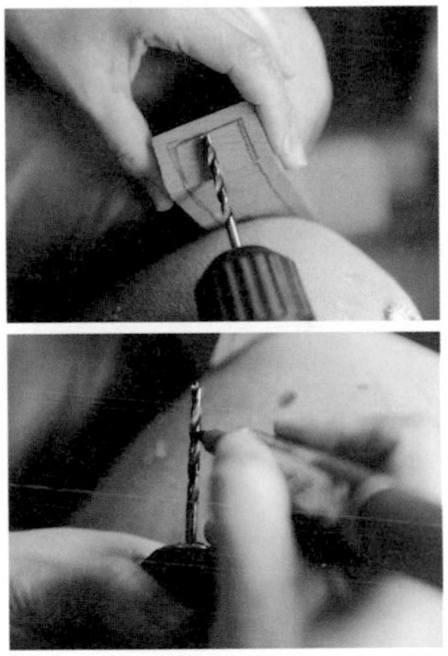

2 準備4公釐鑽頭的電鑽。將木料切口貼著鑽頭測量打孔深度，並在鑽頭上用麥克筆作記號。

3 用電鑽在立架內側的部分開洞，深度鑽到鑽頭上的記號就好。從邊角開始鑽一橫排洞。

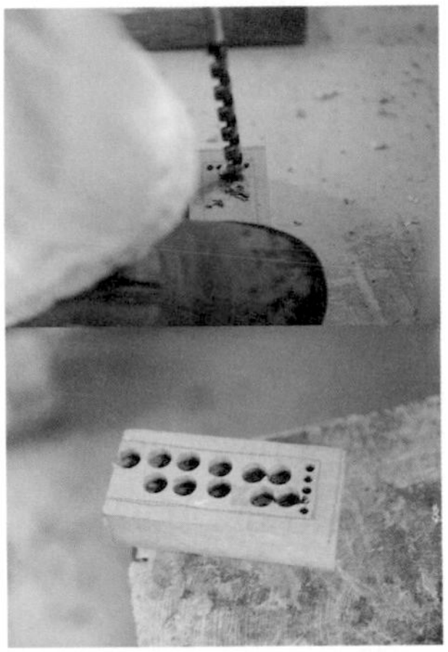

4 用10公釐鑽頭鑽洞。跟4公釐鑽頭一樣，要配合深度在鑽頭上作記號，然後隨機鑽孔，但都要在鉛筆線的框框內。

5 用鎚子敲打平鑿開始挖鑿。首先從底部線條開始。刃長10公釐的平鑿要筆直下鑿。

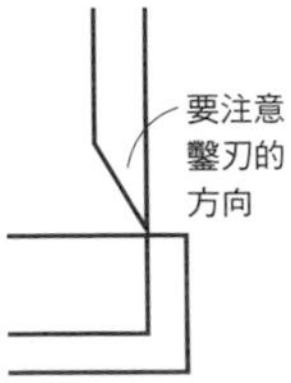

6 刃長20公釐的平鑿要斜斜往前推，削鑿內側。出現逆紋就將木料位置前後顛倒，沿著順紋來鑿。木料務必要貼著固定物。也可以使用作業臺（P.149）。

7 底面雕刻得差不多後，就開始朝側面進行。從各個方向去雕鑿底面、側面的長邊和短邊等。使用方便作業的平鑿即可。

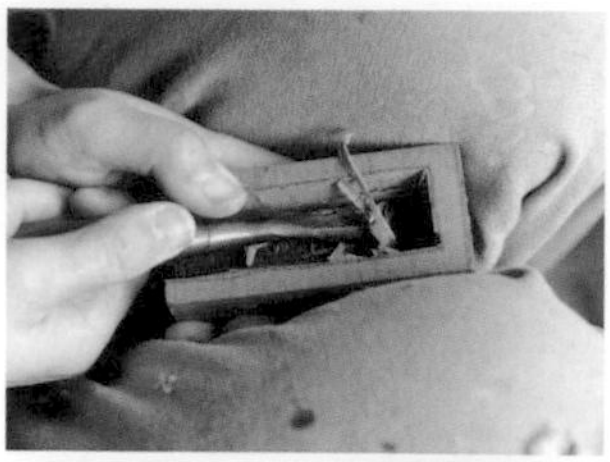

8 最後用手按著鑿子，邊推邊決定形狀。邊角要盡可能接近直角。

9 用＃180砂紙打磨內側較粗的地方。只要去掉毛邊即可。

10 用鑿子削掉薄薄一層接合面。不需要削得很平整，有點起伏也沒關係。

調整接合面

11 用6B軟鉛筆將接合面塗黑。

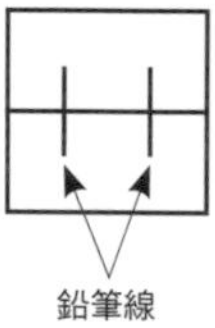

12 和另一邊的木料（以下稱B材）貼合。先在底部畫兩條線。

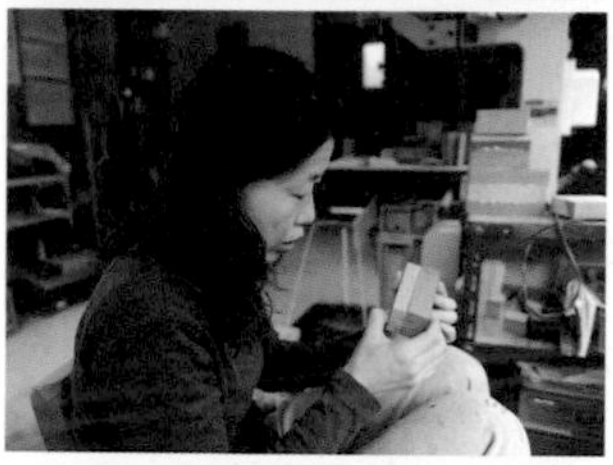

13 用鎚子自上方敲打貼合的木料，如此一來B材就會沾到鉛筆的痕跡。黑色的部位就是不平整的A材貼到B材的地方。用細鑿削掉黑色部位。然後再貼合，B材又沾到黑色→削掉黑色部位→貼合→削掉……如此重複。

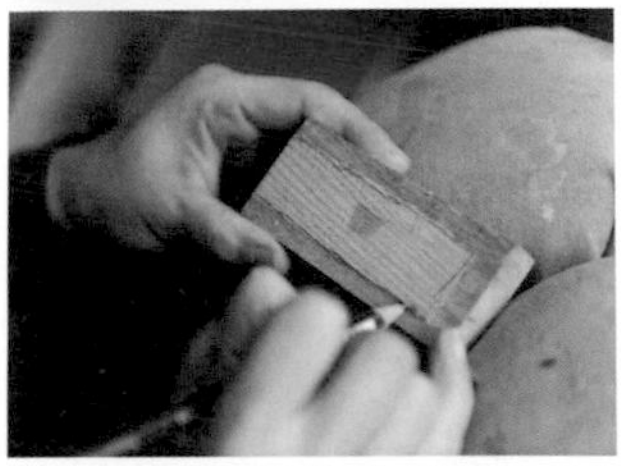

14 等到B材的貼合面全都是黑色（代表完全吻合），就用鉛筆畫出框線。

雕鑿B材、黏合、乾燥

15 和A材一樣，以電鑽開洞後用鑿子挖鑿（過程照片省略）。

16 鑿好後與A材組合。組合面會有點落差，用鑿子削B材作調整。用＃180砂紙打磨內側，但不要磨接合面。

17 用橡皮擦擦去A材接合面上的鉛筆痕跡。

18 在A材和B材的接合面塗上木工用白膠。用抹刀推平白膠。

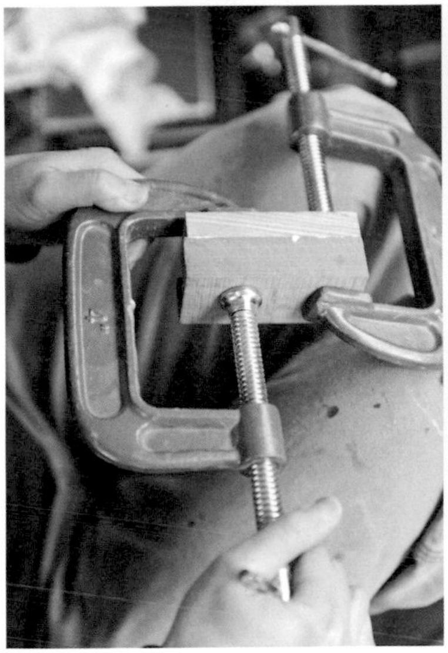

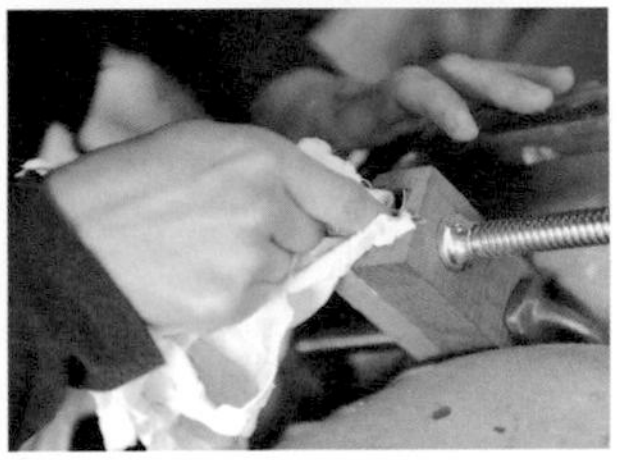

19 貼合A材與B材，用兩個F型夾固定住。畫筆用水沾溼，除去貼合時擠出來的白膠，再用碎布擦拭。放著乾燥大約一個小時。

製作要點

木料的疊合不容妥協

一　鑿削內側時，要在鉛筆線的範圍內進行。

二　疊合木料用鎚子敲打時，要「整體全面地敲」，好讓鉛筆的黑色痕跡沾附。

三　「敲打疊合的木料→削掉木料上的鉛筆痕跡處」，堅持重複這樣的作業，在木料吻合之前絕不能妥協。

四　雖說不能妥協，但適可而止就好。不用拿尺去測量畫線。

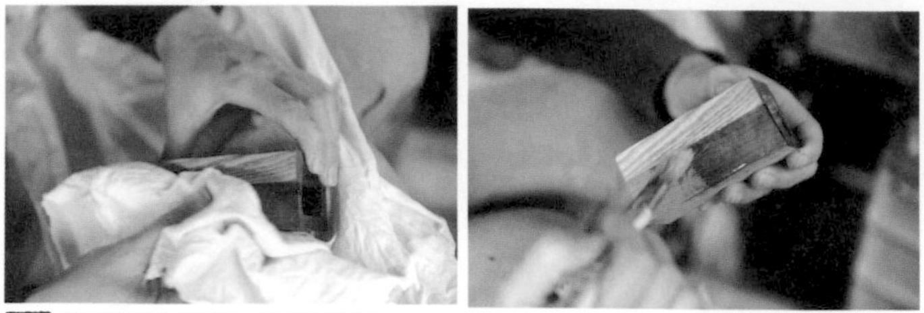

23 用毛刷塗上核桃油，再用碎布擦去。

完 成 不只可以用來放餐具，也能當筆筒或插乾燥花等。

乾燥後的塗飾

20 乾燥後，用鋸子鋸齊開口部位，將開口修整齊。

21 由於接合面有高低落差，所以表面要用打鑿薄薄削掉一層。要是削到逆紋就改變方向來鑿。

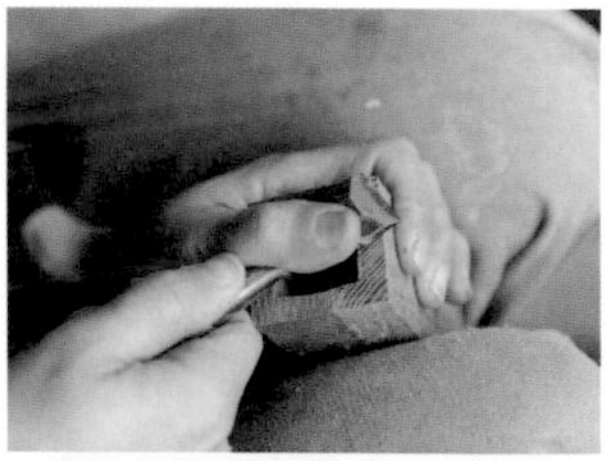

22
最後用手推鑿調整整體，再用＃180砂紙磨過，只要去掉毛邊就好。如此一來木胎就算完成。

D A T A

以下頁面介紹了木器的保養、木工相關工具、用語解說等，還請參考。

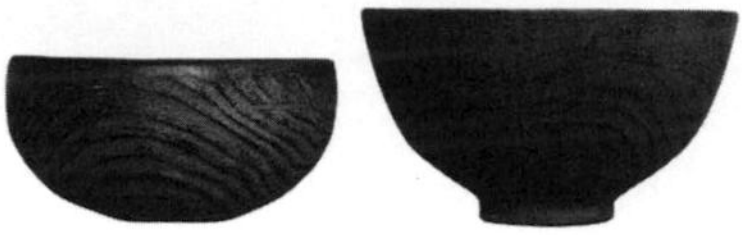

關於木器的保養及使用

清洗乾淨，確實擦乾

以下簡要說明木器和餐具的每日保養，與略微失去光澤時的處理方法。
雖然有幾項注意要點，但按照一般常識來處理就行。

1　延長使用壽命的使用法

1）木料會因為熱度和水分而產生龜裂、歪曲或變形，因此要極力避免陽光直射，也不要放在瓦斯爐旁邊，以及不要一直浸泡在水裡或熱湯中。

2）使用後用溫水或清水沖洗即可，也可以用清潔劑清洗（使用柔軟的海綿），若是上油或上漆塗飾的木器，就不要過度使用清潔劑，免得洗去滲入木料的油分。請避免使用去污粉、鬃刷等來刷洗。

3）清洗後，用柔軟的布或擦手巾擦去水分，然後靜置乾燥。

4）絕對不要放進微波爐、洗碗機、烘碗機。

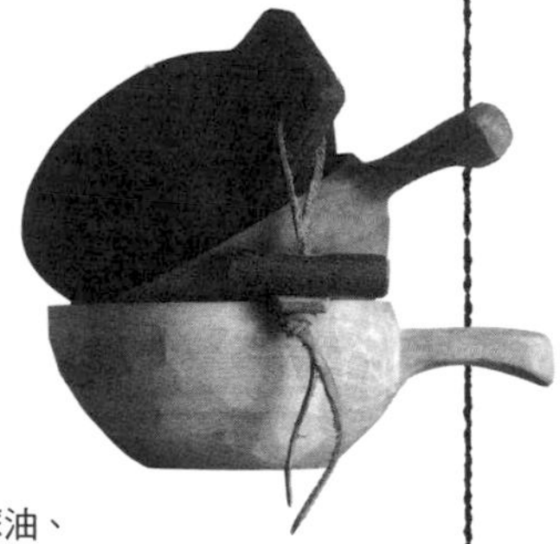

2　保養和簡單的修理

〔上油塗飾的餐具失去光澤時〕

1）用布或廚房紙巾沾取護木油，塗抹木料表面。亦可使用亞麻仁油、核桃油、紫蘇油、橄欖油等任一種。

核桃油

會和空氣中的氧氣產生化學反應而硬化的乾性油（亞麻仁油、紫蘇油也是）。可以使用市售的食用核桃油，或是用布包住核桃再以鐵鎚敲碎，以滲出的油來塗抹（參照P.28）。塗抹時使用的布會因為化學反應而變熱，只要攤開來晾乾或用水弄溼後丟棄即可。

橄欖油

非乾性油（苦茶油、菜籽油等），接觸到空氣也不容易氧化，因此在空氣中不會凝固。塗抹後要確實擦拭使其乾燥。塗抹非乾性油的木器，建議避免長時間收納在餐架裡頭不用。頻繁拿來使用則沒有問題。另外，玉米油和棉籽油是半乾性油。

2）塗抹後用布擦去多餘的油，放在通風良好的地方陰乾。

3）要是木料表面的毛邊很醒目，塗油之前先用細砂紙（＃320、＃400、耐水砂紙＃800等）處理比較好。拋光後產生的粉末務必要仔細清乾淨。

〔上漆的木製品有磨損的情況〕

請和製作的作家或購買的店面討論商量。可以重新上漆的可能性很高。

用語解說

解說本書中的木工相關用詞（依日文五十音排序）。

【曲度】
圓弧和曲線。「作出曲度」這種說法很常出現。

【胎體】（木地）
木製藝品尚未塗飾的原色狀態（木胎）。此外在漆器產地，所謂的木地師（木旋工藝師）則是利用木旋車床直接將木料鉋削成碗盤等胎體的匠人。塗師則是專職塗漆之人。

【取材】
從原木或木料切割出需要的大小、形狀和尺寸。

【手削木器】（刳物）
使用鑿子等雕刻、削切木料製成的器皿或盆子等物。「刳る」就是用刀具等削切鑿挖開洞的意思。

【毛邊】
削切木料時會出現的狀況，粗糙的表面有著毛刺。

【橫切面】
相對於原木中心軸，呈直角切割的橫切面（與木料纖維方向垂直的裁切面）。

【逆紋】
逆著木紋用鉋刀削切時會卡住的方向。順紋的相反詞。

【指物】
組合木板製成盒子或家具等木製品。在拼接兩片木料時會運用相當多樣化的榫接技法，基本上不會使用釘子。

【夏克式家具】
夏克教徒製作，外形極簡樸實，著重機能性的家具。從家具就能感受到夏克教徒真摯的製作精神，以及毫無多餘裝飾的「機能美」。不僅大幅影響近代家具設計，日本也有許多木工作家創作夏克式風格的作品。夏克教為基督教新教教派之一的貴格會分支，十八世紀後半於美國東海岸展開活動，十九世紀中來到全盛時期。教徒們於聚落中過著自給自足的簡樸生活，現在此教團已不存在。

【神代】
埋在土裡歷經長久歲月，使得本身顏色轉為黑褐色等深色的變色木料。通常在河川整治工程等時候被挖出，由於是貴重木料所以會被高價競標。有神代杉木、神代櫸木、神代連香樹等。推測其語源，可能是從神話時期就埋在土裡，或是生長在神話時期的樹木。
※日本神話是從開天闢地到神武天皇在位的時期。

【鑲嵌】
刻蝕木料或金屬表面，然後在該部位嵌入不同材料，藉此製作出花紋。以木料來說，就是鑲嵌多種不同顏色的木料。在Ｐ１１３大門嚴先生的托盤邊緣就有施加鑲嵌。

【順紋】
用鉋刀照著纖維方向削切木料時，纖維的走向和鉋刀的行進方向相同，因此可以順利削切。若是走向相反的話就會很難削，這時就稱為逆紋。

【邊角料】
原木裁切處理或木工作業過程中所產生，因為尺寸太小或形狀關係，無法作成任何部件或作品的木料。

【拭漆】
以毛刷或布塊沾取生漆，塗刷木胎後擦除多餘漆料，進行乾燥。重複此操作數次，一步步完成最後成品的木製品加工處理方式，又稱「擦漆」。為了作出美麗的成品，木胎拋光的光滑度十分重要。

【直木紋】
年輪幾乎呈現平行縱走的木紋，沿樹幹直徑或半徑垂直鋸切時就會呈現此紋。而木板上的木紋呈現層疊山形或不規則波浪狀，則是稱為「山形紋」，平行樹幹中心垂直弦切時呈現。鋸成直木紋的木材乾縮率會比山形紋的要小，亦即較不容易出現翹曲或變形。

【修邊／倒角】
用砂紙等打磨木料的邊角，使其變平滑。確實作好修邊的步驟，能讓作品整體看起來精緻漂亮。

【木旋】
利用旋轉來進行作業的總稱。狹義來說，是將木料固定於軸心一端，讓圓軸旋轉同時用刀具切割木料，製成容器等底材的機械木旋車床。工匠所坐的位置會因為產地而有所不同。坐在正對木旋車床軸心來切割的情況比較多，但山中塗的產地卻是坐在側邊（參照Ｐ８４山田真子小姐的照片）。

工具解說

以「動手作作看」單元中所使用的工具為主，解說數樣木工相關的工具（按照五十音順序排列）。

【碎布】

用來塗抹、擦拭的布塊。語源來自英文waste，本身有垃圾、廢棄等意思。

【夾鉗】

固定材料的夾具。鋸切時用以避免木料移動位置，膠合材料後用以緊壓固定，是木作不可或缺的工具。常見有C形夾、F形夾，以及大小、形狀各異的樣式，在居家用品賣場約幾十、幾百元即可買到，百元商店也有賣。

【玄能鎚】

鐵鎚的一種。用來敲擊鑿柄、釘子等。鐵製鎚頭有雙面或單面的打擊頭。

【小刀】

英文Knife，通常指刀刃較寬的斜口裁切刀，適合用於削切木料邊角與曲線，是製作湯匙或筷子時不可或缺的工具。因為是木工常用刀具，使用過程中請務必小心，絕對不可將手置於小刀的削切方向（行進方向）前方。居家用品賣場也能買到商品名為「工藝刀」（Craft knife）或「雕刻刀」（Carving knife）的小刀。

【作業臺】（木工桌、木工鋸台）

刨削木料或雕刻時所用的工作臺。可以固定於桌面使用的小型木工臺，是木工初學者重要的道具。雖然可在雕刻用品店購得，但其實只要在木板上安裝角材（以木工白膠固定後再用螺絲鎖緊），也可以自行作出簡易版。

【角尺】

L型的金屬尺。可用來測量直角或表面的凸起有多長。

【砂紙】

在紙或布上附著細沙或石粉等研磨顆粒。不同粗糙程度用「編號」來表示，數字前面會有「#」這個記號。數字愈小研磨顆粒愈粗，數字愈大顆粒愈細。例如#320和#400就很常被用來作為胎體的最後修整。

【直角規】

金屬製的短角尺，用來確認材料的直角和平面的凹凸。跟角尺很像，但是比較小且L型的短邊很厚。

【車床】

以車刀抵住旋轉中的材料，進行削切等加工的機械。車刀又叫bite、gouge等。

【雕刻刀】

用來雕刻的刀子。要挖出湯匙凹處或是小碟子等細部作業時，是非常重要的工具（參照P27製造小碟子和P99的步驟17）。有圓刀、平刀、三角刀等各種種類。

【鋸子】

①雙刃鋸
兩邊都有鋸刃。一邊是順著木料木紋方向（木料纖維的生長方向）縱切時使用。另一邊則是與木紋成直角方向（與木料纖維成直角）橫切時使用。

②導突鋸
鋸片較薄的小型單刃鋸。適合橫向鋸切的精密作業使用。

③尖尾鋸（自在鋸）
用於鋸切曲線以及在板材上開孔（參照P32的步驟11）。

【鑿刀】

用手推或是用鎚子敲打鑿柄，雕刻、切削木料或在木料上開洞等。雖然大小和形狀有很多種，但使用方法大致分為以下兩類：以鎚子或玄能鎚敲擊鑿柄的「打鑿」，和用手推削的「修鑿」。鑿身的長度又叫刃長。

【鎚子】

在打鑿時使用的鎚子有木鎚、橡膠鎚（橡膠製鎚頭）、防震鎚（整把鎚子都是聚氨酯製成，如名稱一樣震動比較小）等。P105森口先生在剖栗木時所用的打石鎚，不單單只能用來劈開石頭，還能用來在水泥上釘釘子等，用途十分廣泛。

木材一覽表

木料硬度和獲取難易度一目了然的

本書連同《作・餐具》裡刊載的木器、餐具所使用的素材，一併列表比較其特徵。

各項目的評價並非絕對，包含多數主觀看法。請作為大致基準來參考即可。

（表格說明）

1 木材名稱

有些可以分得更細，但在此是以木料的一般總稱來表示。

★：比較容易削切，初學者在製作木器或餐具時也比較輕鬆的木料。

（闊）：闊葉樹。（針）：針葉樹。

1 木材名稱	2 硬度	3 加工難易度	4 獲取難易度	5 適合製成的器具	6 特徵、餐具之外的用途、木工作家的建議（「」內）等
★ 貝殼杉（針）	C	◎	◎	奶油抹刀、奶油盒、湯匙、果醬抹刀	可在木材行購得，容易加工可輕鬆運用。原木顏色為褐色系。適合製作玄關門、抽屜側板等。產地為東南亞。
★ 紅榿木（闊）	B～C	○～◎	○～◎	盤子、器皿、杯子、湯匙、奶油抹刀	為北美產榿木的近親品種，又稱美國赤楊木，是質地較軟容易加工的闊葉木。木紋與美國櫻桃木相似，因此被作為替代品使用，但硬度較櫻桃木軟。
色木槭（闊）	A～B	△～○	○	盆子、筷子、飯勺	屬於硬木，所以會作為楔子使用，過去曾用於製作滑雪板。擁有美麗的木紋（縮紋等）。「適合上油塗裝。機械作業或打鑿都可以，若是用雕刻刀或手鑿等手工具加工會很辛苦。」
銀杏木（針）	B	◎	△	砧板、器皿、盤子、盆子	「很好削切。」易於加工又具有光澤，抗水性較強卻又沒有很硬，因此會將橫切的原木圓片作為中華料理的砧板。
★ 黑核桃木（闊）	B	◎	◎～○	器皿、盤子、盆子、杯子、湯匙、叉子、奶油抹刀、奶油盒	北美產核桃木的近親品種。宛如巧克力的色澤上有著由褐至黑的帶狀條紋。韌性強又易於加工，是很受歡迎的家具材。可用來製作所有的木製食器。「木料不易變形便於使用。感覺上較日本核桃木硬，又比橡木軟，硬度十分適中。」
蝦夷松（針）	C～D	◎～○～△	◎	奶油盒、器皿、碗、盤子	中文名稱為魚鱗雲杉，可在木材行購得。「基本上屬於軟木料，但硬度會因為年輪而產生落差，讓鑿刀和鉋刀使用不易，雖然可以造成切口，卻有卡住硬拔起來的感覺。鋸子則沒有問題。」
★ 毛葉懷槐（闊）	B	○	○	器皿、杯子、湯匙、果醬抹刀	日本的槐木通常是指學名為毛葉懷槐，俗稱犬槐的木材。心材（樹幹中央部分）為褐色系，是民俗藝品（熊或貓頭鷹的木雕等）的主要材料。「有光澤且韌性佳，雕刻時有牽絲感，很好加工。」
日本常綠橡樹（闊）	A	△	○	手削木器、盤子	日本產木材中硬度最高的木料。難以進行切削加工。通常用作鑿刀、鉋刀等工具的握柄或臺座、船槳、船櫓、木製板車的車輪等。

2 硬度

表達樹木的硬度或強度的數值。除了這些數值外還參考了木工作家的意見，最後彙整成此資料。

A：硬　B：硬～中

C：中～軟　D：軟

3 加工難易度

所謂加工就是使用鉋刀、鑿刀、鋸子等處理木料。也有用機械可以輕鬆切割，但是用手工具卻很費力的情況。在此將參考所有狀況給出最後評價。

◎：容易加工。

○：普通。

△：難以加工，十分費力。

4 獲取難易度

一般個人要獲得該木料的難易度。

◎：基本上在各個賣場都能買到。

○：賣場裡不太有，不過去銘木店或木材行可能可以獲得端材。

△：幾乎不流通，非常難拿到。

5 適合製成的器具

本書裡一定會提到作家是用何種木料來製成該用品。當然還有其他適合的用途，全都會在此欄位羅列出來。

6 特徵、餐具之外的用途、木工作家的建議等

介紹木工作家對該木料的體驗，以及給予的意見或印象。

1 木材名稱	2 硬度	3 加工難易度	4 獲取難易度	5 適合製成的器具	6 特徵、餐具之外的用途、木工作家的建議（「」內）等
★ 連香樹（闊）	C	◎	◎～○	盆子、器皿、盤子、湯匙、奶油抹刀	材質柔軟易於雕刻削鑿，因此特徵成為鎌倉雕的主要材料，也用於製作佛像和抽屜側板。「容易雕鑿，削切順手，木紋也很柔順不會妨礙作業。」
樺木（闊）	A～B	○	○	湯匙、奶油抹刀、果醬抹刀、杯子	真樺、雜樺等樺樹的總稱。真樺既重又硬且緻密，肌理溫潤美麗，經常高價收購作為家具或室內裝潢材料。「有韌性且硬度夠，可以俐落輕鬆地加工，外表光滑又有光澤，適合上油塗裝。」木材中的樺木不含白樺，兩者視為不同木材。
印度紫檀（闊）	A	△	△	筷子、筷架	褐色系的木質又重又硬，產自東南亞。經常用作家具的榫接片。「沒有彈性又不易變形，帶點金屬的質感，可以作出銳利線條。能用機械直線切割，但雕鑿就很困難。」傳統意義上的紫檀則是指小葉紫檀。
樟樹（闊）	B	○～◎	○	盒子、器皿、缽、杯子、手削木器	特徵是樟腦氣味強烈。只要鋸削木料就會散發氣味。製成盆或杯子，氣味會慢慢變淡。自古就是雕刻佛像的材料。
栗樹（闊）	A	△～○	○	盆子、手削木器、碗、缽、湯匙、飯勺、筷子、筷子盒	抗水性佳且材質重又硬，向來用作宅邸的基底或鐵路的枕木。「依素材而定，有時候也不是那麼堅硬，可以順暢地削鑿，只要使用鋒利的鑿刀就行。因為纖維直順，用柴刀就能輕易劈開。個人喜歡它的深木紋。」
★ 核桃木（闊）	B～C	◎	○	器皿、盤子、杯子、湯匙、叉子、奶油盒、果醬抹刀、筷子	木材中的核桃木，一般是指生物學上的胡桃楸。「材質較黑胡桃木軟。硬度適中，不管是鉋刀還是雕刻刀都能輕鬆加工。」是本書經常出現的木材。
櫸木（闊）	A～B	○	◎	器皿、盤子、盆子、碗、缽、湯匙、筷子、筷盒	此木材以厚重和耐久性見長，加工也不難，是日本闊葉木的代表性優良木材。作為寺廟神社的建材、日式家具、太鼓鼓身等，用途廣泛。亦常用於製作漆器的木胎。
台灣黑檀（闊）	A+	△	△	筷子、筷架	又名毛柿，非常堅硬的黑色系木材，打磨後具有光澤，多用於製作佛壇、鋼琴鍵盤、中式家具＆工藝品。屬於名貴木材，主要產地為東亞。「需使用機械（修邊機等），若是鉋刀等手工具會很費力。至於相似的黑柿則可以使用鉋刀，果然是日本的樹呢！」

木料硬度和獲取難易度一目了然的
木材一覽表

本書連同《作・餐具》裡刊載的木器、餐具所使用的素材，一併列表比較其特徵。各項目的評價並非絕對，包含多數主觀看法。請作為大致基準來參考即可。

（表格說明）

1 木材名稱

有些可以分得更細，但在此是以木料的一般總稱來表示。

★：比較容易削切，初學者在製作木器或餐具時也比較輕鬆的木料。

（闊）：闊葉樹。（針）：針葉樹。

1 木材名稱	2 硬度	3 加工難易度	4 獲取難易度	5 適合製成的器具	6 特徵、餐具之外的用途、木工作家的建議（「」內）等
★ 日本椴樹（闊）	C	◎	○	器皿、盤子、湯匙、果醬抹刀	又稱華東椴，材質輕軟，易於加工。過去作為火柴棒或冰棒棍等。「刀鋒可以自由遊走的硬度。由於木紋不明顯，所以會自然聚焦於作品外形。因此用椴樹製造時不可大意。」
白樺（闊）	B～C	○	○～◎	器皿、盤子、杯墊、果醬抹刀、奶油抹刀、湯匙	以木料來說比較軟又容易變形，且樹節顯黑，屬於經濟價值低的樹種。多用於製成冰淇淋勺、衛生筷等。不過若是徹底乾燥就會變成堅硬的好木料。
日本柳杉（針）	C～D	◎	◎	便當盒、筷子、器皿	基本上，在日本提到杉木即是指此樹種，容易獲得又備受喜愛的木材。杉木便當盒會適度吸收水分，靜置乾燥後水分就會散逸，相當適合用來保存米飯。
刺楸（闊）	C	◎	○	盆子、器皿、盤子、筷盒、湯匙、奶油抹刀、果醬抹刀	日本稱作針桐，不硬但有強度，比榆樹要軟一點。「不易翹曲變形所以便於加工。原木色澤好看，染色也漂亮，是非常好用的木料。」
水曲柳（闊）	B	○	○	盆子、器皿、盤子、湯匙、奶油抹刀、果醬抹刀	木材中的水曲柳一般泛指生物學上的梣樹。硬度適中且具韌性，非常適合作為家具與室內裝潢的材料。木製球棒則是常使用「青梻」品種的梣木。
櫻桃木（闊）	B	○	○	器皿、盤子、湯匙、奶油抹刀、果醬抹刀	特指北美櫻樹近親品種的黑櫻桃木，硬度介於樺木和核桃木之間。加工難易度普通，有些木料裡的黑色油脂部分會難以作業。帶紅的木色使得此木料廣受女性歡迎。家具店老闆說：「夫妻挑選餐桌桌面時，妻子通常都會選櫻桃木。」
日本黃楊（闊）	A	△	△	叉子	質硬且紋路緻密，表面帶黃，光澤美麗，是製作木梳和將棋的材料。「觸感清爽，常被用於作成梳子，所以也適合製成叉子。」
橡木（闊）	A～B	○	○	器皿、盤子、缽、湯匙、奶油抹刀、果醬抹刀、筷子	常用於製作家具，為廣受歡迎的代表性闊葉樹木料。在歐美除了作成威士忌酒桶，亦是製作棺材的用料。比水曲柳硬，但容易用刃物加工，塗裝效果亦佳。

2 硬度

表達樹木的硬度或強度的數值。除了這些數值外還參考了木工作家的意見，最後彙整成此資料。

A：硬　B：硬～中
C：中～軟　D：軟

3 加工難易度

所謂加工就是使用鉋刀、鑿刀、鋸子等處理木料。也有用機械可以輕鬆切割，但是用手工具卻很費力的情況。在此將參考所有狀況給出最後評價。

◎：容易加工。
○：普通。
△：難以加工，十分費力。

4 獲取難易度

一般個人要獲得該木料的難易度。

◎：基本上在各個賣場都能買到。
○：賣場裡不太有，不過去銘木店或木材行可能可以獲得端材。
△：幾乎不流通，非常難拿到。

5 適合製成的器具

本書裡一定會提到作家是用何種木料來製成該用品。當然還有其他適合的用途，全都會在此欄位羅列出來。

6 特徵、餐具之外的用途、木工作家的建議等

介紹木工作家對該木料的體驗，以及給予的意見或印象。

1 木材名稱	2 硬度	3 加工難易度	4 獲取難易度	5 適合製成的器具	6 特徵、餐具之外的用途、木工作家的建議（「」內）等
榆樹（闊）	B～C	○	△～○	器皿、盤子、湯匙、果醬抹刀、砧板	英文elm為統稱，日本木材多指春榆。硬度、加工性、塗裝難易度皆介於水曲柳和刺楸之間。「加工方面算是難易適中。」
松木（針）	C～D	◎	◎	湯匙、果醬抹刀	國外進口的松木料的總稱。可在居家修繕賣場購得，也是簡易DIY的手作材料。硬度、木質會因產地而有所不同，製作餐具的時候要注意，若作得太細會容易折斷。
★ 檜木（針）	B	◎	◎	器皿、盤子、湯匙、奶油抹刀、果醬抹刀、筷子	日本針葉樹的代表性木料。可在居家修繕賣場購得，削切容易，抗水性佳，是動手作作看湯匙製作篇的初學者選用材料。
日本山毛櫸（闊）	B	○～◎	○	湯匙、奶油抹刀、果醬抹刀、筷子	硬度適中又富有彈性，適合作為小孩隨意玩耍也耐受得住的玩具，以及曲木工藝家具。「斑點狀木紋為其特徵，加工容易。感覺上歐美的山毛櫸（Beech）比日本的要硬。」
★ 日本厚朴（闊）	C	◎	◎～○	器皿、盤子、砧板、湯匙、奶油抹刀、果醬抹刀	質地輕軟卻不太會變形，方便製作纖細的工藝品。刀刃觸感佳，適合作為砧板，也是刀鞘的主要選材。製鞘師父說：「厚朴對刀刃很溫柔。」非常適合初學者用於製作木餐具。
楓木（闊）	B	△～○	○	盤子、湯匙、奶油抹刀、果醬抹刀、杯墊	一般是指北美產的硬楓木，為廣受年輕人喜愛的家具材。「感覺比真樺略硬，韌性若有似無。雖然用機械不難加工，但使用手工具卻有困難的硬度。適合上油塗裝。」
★ 山櫻（闊）	B	◎～○	○	器皿、盤子、盆子、缽、湯匙、叉子、奶油抹刀、果醬抹刀、筷子	有韌性又不易翹曲變形，易於加工而刀削痕跡不容易剝落，所以最適合製作版畫。「質地雖硬卻可以順暢削切，導管纖細且分布均勻，不容易積藏食物的污垢。」很適合製作木餐具。

後記

日常生活中常用的器皿，有陶器也有瓷器，亦有金屬製或玻璃製，甚至有塑膠製品等。其中又以木製器皿的存在感最為獨特，擁有許多其他素材所沒有的優點。就算盛裝熱湯，捧著器皿也不會感到燙手，嘴唇的觸感也很溫潤，留有鑿痕的木作風格洋溢著療癒感，並且幾乎跟任何食材和料理都很匹配。

為了書寫本作而至各地取材的期間，我發現了木器的各種可能。

首先是盛入料理後與木器或木盤相得益彰這點，讓我去思考主角究竟是料理還是器皿。不過畢竟是在餐桌上，料理果然才是主角吧？可是配角卻完美地襯托出主角。正因為有主角料理存在，使得負責支撐的木器存在醒目。最讓我印象深刻的是匙屋的さかいあつし先生所雕刻的「銀杏橢圓大盤」。烤好的雞翅擺上去的瞬間，大盤的表情整個生動起來。

器皿的存在感要素，關鍵在外側和底部的形式。外觀的第一印象通常取決於外側的曲度或邊緣的線條。在為「動手作作看」取材期間，我發現比起內側雕鑿，幫外側加工的作業是更需要花心思的。很多人以為內側鑿好就能暫時安心，但根本沒那回事。外側的加工決定了作品整體的印象。就像京都炭山朝倉木工的朝倉玲奈小姐所說：「一旦喜歡上器皿的背面，就會產生憐愛之情呢。」這句話正表現出器皿底部的重要性。

以製作者的立場來考慮，木器也有自由度很高這種印象。特別是對平常以製作家具為主的人來說，不必在確實榫接組裝、考量椅子強度等構造方面繃緊神經，宛如擁有了一種開放感。光這樣就能從獨特的發想中誕生出作品。戶田直美小姐的「四角形托盤」，就是對老舊橡木料稍微加工便帶出素材優點的作品，可說是平常大多在製造桌椅的作家，稍微放鬆肩膀力道所製造出的作品中的成功案例。

木料會在乾燥的過程產生收縮或翹曲，看到許多器皿任由木料產生自然反應，並享受其中變化的樂趣是很新鮮的事，例如須田二郎先生的沙拉碗和山田真子小姐的ＨＥＧＯ系列漆器。以女性使用者為主，木料的自然柔和風格大受好評，這應該是最近的趨勢。

不論如何，器皿都是日常生活中必定會使用的工具，找到用起來舒服的木器或是自己親手製作，都能夠豐富每天的生活。

最後容我借用此處，向百忙之中幫助我取材的每個人，獻上深深的謝意。在攝影中大力幫忙的諸位攝影師，NILSON design studio的設計師們，以及提供各種情報的眾多人士，我由衷地感激您們。

２０１２年６月　西川榮明

手作良品 98

作・食器

打造手感溫潤、賞心悅目的木作器皿

作　　　者／西川榮明
譯　　　者／黃盈琪
發　行　人／詹慶和
選　書　人／蔡麗玲
特 約 編 輯／黃建勳
執 行 編 輯／蔡毓玲
編　　　輯／劉蕙寧・黃璟安・陳姿伶
執 行 美 輯／陳麗娜
美 術 編 輯／周盈汝・韓欣恬
出　版　者／良品文化館
戶　　　名／雅書堂文化事業有限公司
郵政劃撥帳號／18225950
地　　　址／220新北市板橋區板新路206號3樓
電 子 信 箱／elegant.books@msa.hinet.net
電　　　話／(02)8952-4078
傳　　　真／(02)8952-4084

2022年09月初版一刷　定價 580元

TEZUKURI SURU KI NO UTSUWA

經銷／易可數位行銷股份有限公司
地址／新北市新店區寶橋路235巷6弄3號5樓
電話／(02)8911-0825
傳真／(02)8911-0801

國家圖書館出版品預行編目資料(CIP)資料

作・食器：打造手感溫潤、賞心悅目的木作器皿／西川榮明著；黃盈琪譯. -- 初版. -- 新北市：良品文化館出版：雅書堂文化事業有限公司發行, 2022.09
面；　公分. --（手作良品；98）
ISBN 978-986-7627-47-6（平裝）

1.CST：木工　2.CST：食物容器

474　　111008469

西川榮明（Nishikawa Takaaki）

編輯、作家、椅子研究家，除了製作椅凳、家具之外，廣泛從事森林、木材，乃至工藝品等樹木相關主題的編輯、撰稿活動。著有《この椅子が一番》、《手づくりする木のスツール》《補改訂新版 手づくりする木のカトラリー》、《手づくりする木の器》、《補改訂 名作椅子の由来図典》、《一生ものの木の家具と器》、《木の匠たち　信州の木工家25人の工房から》、《補改訂 一生つきあえる木の家具と器　関西の木工家28人の工房から》（以上皆為誠文堂新光社）、《木のものづくり探訪 関東の木工家20人の仕事》、《樹木と木材の図鑑——日本の有用種101》（以上皆為創元社）、《日本の森と木の職人》（鑽石社）、《手づくりの木の道具　木のおもちゃ》（岩波書店）、《北の木仕事　20人の工房》、《木育の本（共同著作）》（皆為北海道新聞社出版）等。共同著作《Yチェアの秘密》、《ウィンザーチェア大全》、《原色 木材加工面がわかる樹種事典》、《漆塗りの技法書》（以上皆為誠文堂新光社）等。

Staff

攝影／加藤正道、楠本夏彥、渡部健五
裝幀・設計／望月昭秀＋木村由香利（NILSON design studio）＋引間良基

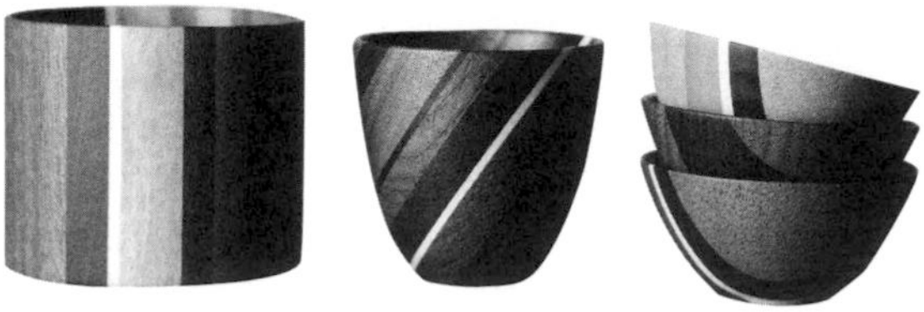

打造手感溫潤、
賞心悅目的木作器皿

打造手感溫潤、
賞心悅目的木作器皿

打造手感溫潤、
賞心悅目的木作器皿

打造手感溫潤、
賞心悅目的木作器皿